中央高校教育教学改革基金资助

中国地质大学(武汉)卓越工程师教育培养计划系列丛书

合成化学实验

HECHENG HUAXUE SHIYAN

袁俊霞　田熙科　刘浴辉　杨　祥　主编

图书在版编目(CIP)数据

合成化学实验/袁俊霞等主编.—武汉:中国地质大学出版社,2023.6
ISBN 978-7-5625-5547-6

Ⅰ.①合… Ⅱ.①袁… Ⅲ.①合成化学-化学实验 Ⅳ.①O6-3

中国国家版本馆CIP数据核字(2023)第055072号

合成化学实验 袁俊霞 田熙科 刘浴辉 杨 祥 主编

责任编辑:杨 念 责任校对:徐蕾蕾

出版发行:中国地质大学出版社(武汉市洪山区鲁磨路388号) 邮政编码:430074
电 话:(027)67883511 传 真:(027)67883580 E-mail:cbb@cug.edu.cn
经 销:全国新华书店 http://cugp.cug.edu.cn

开本:787毫米×1092毫米 1/16 字数:231千字 印张:9.5
版次:2023年6月第1版 印次:2023年6月第1次印刷
印刷:湖北睿智印务有限公司

ISBN 978-7-5625-5547-6 定价:32.00元

前　言

合成化学是一门理论性和应用性都很强的学科，除理论教学之外，实验教学是培养学生动手能力、实践能力的重要途径，具有传授知识、培养能力、开阔视野等多重作用，在教学工作中占据重要地位。《合成化学实验》旨在帮助学生掌握化学合成实验基本技能，熟悉新的合成方法及表征测试技术，并掌握现代实验仪器的工作原理和使用方法，最终达到提升学生专业能力的目的。

本书共分四章，包括合成化学实验基本知识、无机合成、有机合成和综合性实验。其中，第一章合成化学实验基本知识，旨在帮助学生了解化学实验基本理论和基本操作，熟悉实验室安全规则。第二章无机合成，总结了经典和新型无机材料制备的常用方法，包括低温固相合成法、化学共沉淀法、溶胶—凝胶法、水热/溶剂热法和化学气相沉积法。第三章有机合成，介绍了现代合成技术，如超声波合成、微波合成以及电化学合成等方法在有机合成中的应用。另外，本书还选取了一些经典有机人名反应及天然产物的提取、分离实验项目，并涉及当今有机合成研究的热点——不对称合成反应。第四章综合性实验，着重训练学生独立分析问题、解决问题的能力及学生的综合实践应用能力。本书共包含 64 个实验项目，每个实验项目及其所归属的实验技术都有背景理论知识介绍，使学生在掌握现代合成方法基本理论的基础上对合成材料的性能及应用等也能有一定的了解。

编者在中国地质大学(武汉)应用化学专业教授“合成化学”及“合成化学实验”课程，结合多年实际教学经验编写了此实验教材，内容涵盖目前化学合成常用方法，书中的部分实验项目经过多轮实验教学，据实际情况进行过多次修订。

本书由袁俊霞、田熙科、刘浴辉、杨祥主编。除书中列出的主要参考书目外，还参考了国内外其他学术论文及专业著作，鉴于篇幅限制，在书中未能一一列出，在此对资料提供者表示衷心的感谢。本书是在中国地质大学(武汉)“卓越工程师教育培养计划”和“中央高校教育教学改革基金”的共同资助下完成出版的，在出版过程中得到了中国地质大学出版社的支持与帮助，在此一并表示感谢。

鉴于编者水平有限，本书难免有疏漏和不妥之处，恳请广大读者批评指正。

编　者

2022 年 10 月

目 录

第一章　合成化学实验基本知识

合成化学实验教学的主要目的是在学生已经进行过无机、有机、分析化学等实验训练后，进一步巩固学生实验基本技能，提高学生动手能力及分析和解决实验中所遇到问题的能力，筑牢学生合成化学知识基础，同时培养学生严格认真的科学态度与良好的工作习惯。为了保证实验的正常进行并达到实验教学的目的，学生进入实验室进行实验时，必须遵守实验室安全规则。

第一节　实验室安全

进行合成化学实验时经常要使用易燃溶剂，如乙醚、乙醇、丙酮、苯等；易燃易爆的气体和药品，如氢气、乙炔、干燥的苦味酸等；有毒药品，如氰化钠、硝基苯和某些有机磷化物等；有腐蚀性的药品，如氯磺酸、浓硫酸、浓硝酸、浓盐酸、烧碱及溴等；存储可燃性气体的钢瓶，如氢气瓶、乙炔瓶等；还会涉及一些高温高压设备、玻璃仪器及各种电器等。这些药品及仪器设备若操作不当，就有可能引发火灾、爆炸、烧伤、中毒等事故。但是，只要重视实验室安全，实验时严格遵守操作规程，这些事故都是可以避免的。为了确保操作者、仪器设备和实验室的安全，防止事故的发生以及在事故发生后能及时采取正确的应对措施，学生在开展实验前对实验室的安全知识应了然于胸，并切实遵守实验室安全管理条例。

一、实验室安全规则

(1)进入实验室必须身着实验服，不得穿无袖衫、短裤、裙子、拖鞋、高跟鞋及其他裸露脚背或脚踝的鞋子；严禁在实验室内吸烟、饮食，以防发生火灾和中毒；禁止大声喧哗、打闹和乱扔纸屑，保持实验室内安静、整洁。

(2)实验开始前，应检查仪器是否完好无损，装置是否正确稳妥；要根据实验流程，按要求配戴防护眼镜、面具、手套等防护用具；了解实验室安全设施，如防火毯、灭火器、砂桶及急救药箱的放置地点和正确使用方法；熟悉水、电及气总阀所处位置；牢记意外事故发生时的处理方法及应变措施。

(3)精密贵重及特殊仪器设备应在熟悉其性能及操作方法后，严格按照说明书操作使用。当情况不明时，不得随意接通仪器电源或转动旋钮。一旦发生事故，马上向指导教师汇报。

(4)实验进行时，不得擅自离开岗位，应经常检查仪器有无漏气、破裂，反应是否正常进行，认真观察实验现象，如实做好记录。涉及刺激性或有毒气体的实验，应在通风橱内进行。

(5)实验中所用药品，不得随意散失、丢弃或接触皮肤。使用易燃易爆药品时，应远离火源，取用完毕后立即旋紧瓶塞或瓶盖。

(6)正确使用玻璃管、玻璃棒、温度计等，避免因操作不当引起的折断、破裂而导致皮肤损伤。不得加热普通玻璃瓶和容器器皿，亦不得将热溶液倒入这些容器和器皿，以免引起破裂或使容量不准。

(7)对实验中产生的"三废"(废气、废液、废固)，应按规定处理，以免污染环境，影响身体健康。

(8)实验完成后，及时清洗仪器、用具，关闭水、电、气及门窗后方可离开实验室。

二、实验室事故的预防与处理

1. 割伤

割伤一般是在装配实验仪器时，若用力部位与连接部位相隔太远或用力过猛，造成玻璃器皿碎裂而导致的。预防割伤须正确地装配仪器，注意仪器的配套以及玻璃管、棒断面是否有棱角。如发生割伤一定要及时处理，先将伤口处的玻璃碎片或固体物取出。若伤口不大，用蒸馏水洗净，涂上碘酒，撒上止血粉，再用绷带包扎伤口，并定期换药。如伤口较大、深，出血多，应立即用绷带在伤口与心脏之间距伤口 10cm 处扎紧，防止大量出血，再马上送医院处理。

2. 火灾

预防火灾应注意以下事项。

(1)空气中有机溶剂的蒸气达到某一极限时，遇到明火易发生燃烧爆炸，因此不能用烧杯或敞口容器盛装易燃物；加热时，应根据实验室的要求及易燃物的特点选择加热方式，注意避免明火。

(2)尽量防止或减少易燃气体外逸，转移易燃物时要熄灭火源，并须在通风橱中进行，及时排出室内有机溶剂的蒸气。

(3)易燃及易挥发物不得倒入废液缸内，要倒入专门的收集瓶中待集中处理。

(4)实验室不准存放大量易燃、易挥发物。

(5)实验前应仔细检查仪器装置是否正确、严密，要防止煤气管、阀漏气。

如果发生火灾，应沉着冷静、及时地采取措施，防止事故扩大。首先应立即切断室内电源，熄灭附近火源，移开未着火的易燃物。然后根据易燃物的性质和火势设法扑灭。若火势较小，可用石棉布或黄沙盖灭；若着火面积大，应根据情况使用不同的灭火器灭火。注意：衣服着火时，千万不要奔跑，以免导致烧伤，应立即用石棉布或厚外套扑灭身上的火苗，或者迅速脱下衣服；火势较大时，应卧地打滚或打开附近的自来水、喷淋装置来扑灭火焰。

常用的灭火器有二氧化碳灭火器、干粉灭火器、四氯化碳灭火器和泡沫灭火器。使用二氧化碳灭火器时，应一只手提灭火器，另一只手戴上防冻手套后握住灭火器喇叭筒的根部。切忌裸手直接触摸喇叭筒，以免冻伤！这种灭火器特别适用于油脂、电器及其他较贵重仪器火灾的扑救。干粉灭火器常用于扑救电力设备火灾，还可用于扑灭油、气体的燃烧。在使用前先把干粉灭火器上下颠倒数次，使瓶内干粉松散；再拔下保险销，一只手握住压把，另一只手稳住喷管，对准火焰根部压下压把喷射；在灭火过程中，灭火器应始终保持直立状态，不得横卧或颠倒使用。四氯化碳灭火器可用来扑灭电器设备火灾，但不能在狭小或通风不良的实验室中使用。注意：四氯化碳在高温时生成剧毒的光气，与金属钠接触会发生爆炸。另外，因泡沫灭火器会喷出大量的硫酸氢钠、氢氧化铝，污染严重，给后处理带来麻烦，通常非大火不用。

有机溶剂着火时，不能用水浇灭，因为它们多数不溶于水，会漂浮在水上面，并随水的流动而扩大燃烧面，引起更大的火灾。

3. 爆炸

爆炸的破坏力极大，应以预防为主，操作时应注意以下几点。

(1)常压操作时，切勿在封闭系统内进行加热或反应。在反应进行时，必须经常检查仪器装置各部分有无堵塞现象。

(2)减压蒸馏时，不得使用机械强度不大的仪器装置(如锥形瓶、平底烧瓶、薄壁试管等)。必要时，要戴上防护面罩或防护眼镜。另外，蒸馏时注意不要将物料蒸干，以免局部过热而发生爆炸。

(3)使用易燃易爆气体(如氢气、乙炔、过氧化物等)时，切勿接近火源；遇水易燃烧爆炸物(如金属钾、金属钠等)切勿投掷到水中；其他一些易爆炸固体(如重金属乙炔化物、三硝基甲苯等)，不能重压或撞击，应特别小心；易爆固体残渣须专门处理，严格遵守操作规程。

(4)反应过于猛烈时，要根据不同情况采取降温和控制加料速度等措施，使反应缓慢进行。

4. 灼烧

许多化学试剂具有强烈的腐蚀性，人体皮肤如接触了这些药品，其强腐蚀性会导致灼伤。为避免灼伤，在开展实验时应戴上防护手套和防护眼镜。一旦发生灼伤，应立刻先采用下列急救措施，严重者应送医院。

(1)酸灼伤：皮肤灼伤——立即用大量水冲洗至少 20～30min，然后用 2%～5%的碳酸氢钠溶液洗涤，再涂上烫伤膏；眼睛灼伤——立即用洗眼杯盛大量水冲洗眼内外，然后用碳酸氢钠溶液冲洗。

(2)碱灼伤：皮肤灼伤——立即用大量水冲洗直至创面无滑腻感，然后用 3%的硼酸溶液或1%～2%的醋酸溶液洗涤，再涂上烫伤膏；眼睛灼伤——立即用洗眼器冲洗眼内外，然后用硼酸溶液冲洗。

备注：上述洗涤药液在急救箱中取用即可。

(3)溴或苯酚灼伤：立即用有机溶剂（如酒精或者汽油）洗去溴或苯酚，然后在灼伤部位涂上甘油或烫伤膏。

(4)高温灼伤：先用大量水冲洗，再用冰块降温，最后在伤口上涂敷烫伤膏。

5. 中毒

化学药品大多具有不同程度的毒性，在使用前应了解其毒性及其他生理作用；实验中所用剧毒物质应有专人负责收发，使用时注意不要玷污皮肤、吸入蒸气或溅入口中。药品取用过程中，注意戴防护眼镜及手套，小心开启瓶塞，以免破损泼倒。化学药品一旦溅出，应立即采取相应措施予以清除。在反应过程中可能生成有毒或有腐蚀性气体的实验应在通风橱内进行，必要时应安装有效的气体吸收装置，实验开始后不要把头伸入通风橱内。实验产生的有毒残渣、废弃针头等尖锐器物必须妥善处理，不得随意丢弃。一旦发生中毒现象，应立即将中毒者转移到通风良好处，严重者及时就医。

6. 触电

实验室内严禁私拉电线，不得使用接线板。使用电器前，应检查线路连接是否正确，电器内外要保持干燥。使用电器时，应防止人体与电器导电部分直接接触，不能用湿手接触电插头。为了防止触电，装置和设备的金属外壳都应连接地线。在实验开始时，应先将电器设备上的插头与插座连接好，再打开电源开关。实验结束后，应立即切断电源，再将连接电源的插头拔下。若发生触电，应立即设法切断电源，或用木棍使触电者与导电体分开，同时施救者必须做好防止自身触电的安全措施。必要时施救者应对触电严重者做人工呼吸，并立即送医院急救。

三、实验室常备急救器具

实验室应配备防护眼镜、紧急淋浴器、洗眼器、急救药箱和消防器材。

急救药箱内应准备以下药品：碘酒（3%）、双氧水（3%）、硼酸溶液（3%）、醋酸溶液（2%）、碳酸氢钠溶液（5%）、氨水（5%）、酒精（70%）、甘油、烫伤油膏、万花油、药用蓖麻油、消炎粉、消毒棉花、消毒纱布、创可贴、胶带、绷带、剪刀、镊子等。

消防器材：二氧化碳灭火器、干粉灭火器、四氯化碳灭火器和泡沫灭火器；石棉布、毛毡、喷淋设备等。

四、试剂的保存

部分化学试剂具有易燃、易爆、腐蚀性或毒性等特性，除在使用时要注意安全和按操作规程操作外，保管时也要注意安全。化学试剂的保存，应根据试剂的毒性、易燃性、腐蚀性和潮解性等不同的特点，采取不同的保存方法。化学试剂较多时，应按各种试剂的化学性质分类保管。

(1)一般单质和无机盐类的固体，应放在试剂柜内；无机试剂与有机试剂分开存放，强氧化性试剂与还原性试剂分开放置。

(2)遇空气中的水分、氧气、二氧化碳等会发生变质的试剂，须密封保存。金属锂、金属钠、金属钾等可与水剧烈反应，因此金属锂须用石蜡密封，金属钠和金属钾应保存在煤油中。亚硫酸钠、硫酸亚铁易被氧化，碳酸钠、苛性碱易吸收二氧化碳，因此它们的瓶口应涂蜡密封。

(3)剧毒试剂应严格落实“五双”(双人收发、双人记账、双人双锁、双人运输、双人使用)管理。

(4)易燃易爆试剂，要单独存放，要注意阴凉通风，特别是要远离火源。

(5)易挥发的试剂，应存放于通风试剂柜内。

(6)见光易分解、要求避光保存的试剂，可装在棕色瓶内，置于阴暗避光的房间，或在棕色瓶外包一层黑纸。

(7)易侵蚀玻璃的试剂，如氢氟酸、氢氧化钠等，应保存在塑料瓶中。

(8)对温度比较敏感的试剂，如一些酶试剂，须根据试剂的性质选择适宜的保存温度。

五、气体钢瓶的使用

(1)钢瓶搬运时，要轻拿轻放，应避免与其他坚硬物体碰撞。

(2)钢瓶存放及使用时，应放在阴凉、干燥、远离热源处，避免日光照晒。气体钢瓶存放或使用时要固定好，防止滚动或跌倒，并避免油脂或其他有机物玷污钢瓶。氢气瓶应存放在与实验室隔开的气瓶房内，有毒气体钢瓶也应单独存放。存放氢气或其他可燃性气体、有毒气体钢瓶的实验室应注意通风。实验室中要尽量少放钢瓶。

(3)认准标色，禁止钢瓶混用(表1)。使用钢瓶时，要装上减压阀，各种减压阀不得混用。开启气门时应站在减压阀的另一侧，以防止减压阀脱出而被击伤。

表1　常用气体钢瓶的瓶身颜色与标字颜色

气体种类	瓶身颜色	字样	标字颜色
氮气	黑色	氮	淡黄色
空气	黑色	空气	白色
二氧化碳	铝白色	液化二氧化碳	黑色
氧气	天蓝色	氧	黑色
氢气	淡绿色	氢	大红色
氯气	深绿色	液氯	白色
氨气	淡黄色	液氨	黑色
乙炔	白色	乙炔不可近火	大红色

(4)钢瓶中的气不可用完,须留0.5%表压以上的气体,以防止重新灌气时发生危险。

(5)使用可燃气体时,一定要配备防止回火装置。

(6)钢瓶应定期检查,一般是3年检验一次。逾期未经检验或锈蚀严重时,不得使用;漏气的钢瓶不得使用。

第二节　实验室常用仪器

一、搅拌器

搅拌是化学合成实验中常用的基本操作。反应在均相溶液中进行时,一般可不用搅拌;在非均相反应体系中,为了使物料迅速混合均匀、高效地进行传质传热,需要进行搅拌。搅拌的方法有两种:人工搅拌和机械搅拌。对于简单的、搅拌时间较短、无毒性气体释放的实验,可采用人工搅拌;反之,采用机械搅拌。机械搅拌装置又可分为电动搅拌器和磁力搅拌器。

1. 电动搅拌器

电动搅拌器在合成化学实验中用得较多,一般用于油—水等混合物溶液、固—液反应体系。使用时应注意接地线,不适用于过于黏稠的胶状体系搅拌,电机可能因为负荷过重而发热,导致烧毁。注意轴承须加润滑油,保持清洁干燥,防腐防潮。

2. 磁力搅拌器

磁力搅拌器由一根包裹着玻璃或聚四氟乙烯等外壳的软铁棒(搅拌子)和一个可旋转的磁铁组成。通过电机带动磁场的不断旋转变化,并以磁场来控制容器内软铁棒的旋转,从而达到搅拌的目的,是非均相反应体系的理想搅拌装置。它一般都有控制转速和加热装置。在物料较少、不需太高温度的情况下,磁力搅拌器比电动搅拌器使用起来更为方便和安全。

二、循环水真空泵

真空泵有水泵和油泵。循环水真空泵有双表双头抽气、四表四抽头,双面相同的多用真空泵,以循环水作为工作介质,它由射流技术产生负压,压强可达1.333～100kPa。它的优点是体积小,节约水。若不需要很低的压力,能用水泵抽气的,尽量用水泵。

循环水真空泵的使用方法:首次使用时,打开水箱上的盖子,加入清洁的自来水,当水面即将升至水箱后面的溢水嘴下高度时停止加水,再次开机时则无需重复该操作。定期更换水箱里的水,保持水质清洁。在抽真空操作时,将橡胶管紧密套接于水泵的抽气嘴上(保持密不漏气)，关闭循环开关，接通电源，打开电源开关，即可开始抽真空，通过与抽气嘴对应的真空表观察真空度。需要注意的是，当循环水真空泵需长时间连续工作时，水箱内的水温将会升高从而影响真空度。此时，可将放水软管与自来水龙头接通，溢水嘴作排水出口，适当控制自来水流量，即可保持水箱内水温不升高，使真空度稳定。

三、旋转蒸发器

在合成实验中，使用大量的有机溶剂浓缩溶液或回收溶剂时，需要在减压条件下连续蒸馏大量易挥发溶剂，此时常使用旋转蒸发器。它由电机、圆底烧瓶、冷凝器和接收瓶等组成。它的基本工作原理与减压蒸馏的原理相似，在减压条件下用水浴恒温加热圆底烧瓶，同时圆底烧瓶恒速旋转，物料在旋转过程中于瓶壁上形成大面积薄膜，蒸发面积增大，从而实现高效蒸发。

旋转蒸发器的使用操作步骤：先将仪器连接好，打开循环水真空泵，观察系统的气密性是否完好。完成抽真空后，打开电动开关，使圆底烧瓶旋转。加热时，要使圆底烧瓶缓慢受热，控制蒸馏的速度。圆底烧瓶中添加的液料不要超过其体积的一半，既可一次进料，也可连续加料，加料时需注意先关掉真空泵，停止加热，待蒸发停止后再缓缓打开管旋塞，以防倒流。蒸馏完毕，先停止加热，关闭水浴加热开关；关掉电动机开关，停止旋转；解除抽真空，打开加料开关放气，与大气连通；关闭冷凝水，拆下圆底烧瓶，取出接收瓶中的溶剂。

四、鼓风干燥箱

鼓风干燥箱是实验室常用的干燥设备，其使用温度范围为室温至 250℃，主要用于干燥玻璃仪器或烘干无腐蚀性、无挥发性、热稳定性好的药品。

鼓风干燥箱的使用应注意：使用前，先检查干燥箱的电气性能，并留意是否有断路或漏电现象。鼓风干燥箱为非防爆干燥箱，易燃、易挥发、易爆物品不能放入箱内干燥，以免发生爆炸。干燥箱内放置物品切勿过密，以免影响热空气对流。箱体附近不能放置易燃物品，以免引起火灾事故。

第三节　基本实验技术

一、加热和冷却

1. 加热

在室温下，某些反应难以进行或反应速度太慢，为了加快反应的进行，往往需要进行加热。根据加热的方式,加热可分为直接加热和间接加热,其中间接加热又分为空气浴加热、水浴加热、油浴加热和沙浴加热等。

直接加热:物质盛在金属容器或坩埚中,可用火直接加热。玻璃仪器则要在石棉铁丝网上加热,若直接用火加热,易因受热不均匀而破裂,其中的部分物料也可能由于局部过热而分解。这种加热方式方便简单,在反应时间不是很长、加热温度不是很高且不易燃烧的情况下常被采用。除此之外,一般使用以下几种热浴方式进行间接加热。

空气浴加热:电热套是实验室常用的空气浴加热设备。以玻璃和石棉纤维丝包裹镍铬电热丝盘成碗状,外边加上金属外壳,中间填充保温材料,用以加热圆底烧瓶等,使用温度一般不超过400℃。电热套加热具有无明火、使用方便、安全、温度可调节、清洁、受热均匀等优点,但须与容器大小匹配。使用时应注意,不要将药品洒在电热套中,以免加热时药品挥发污染环境,同时应避免电热丝被腐蚀而断开。用完后将电热套放在干燥处,否则内部吸潮后会降低绝缘性能。

水浴加热:当加热温度不超过100℃时,最好采用水浴加热。水浴加热不仅可自动控温、操作简便,而且使用安全。使用时勿使容器触及水浴锅器壁或底部,并注意加热后随着水浴锅内水分的不断蒸发,应适当添加热水,使水浴中水面保持稍高于容器内的液面。工作完毕,应将温控旋钮置于最小值后再切断电源。若水浴锅较长时间不使用,应将工作室水箱中的水排出。

油浴加热:加热温度为100～250℃时,可用油浴加热。油浴的优点在于温度易控制在一定范围内,反应物受热均匀,容器内温度一般要比油浴液温度低20℃左右。常用的油浴液有:①甘油,可以加热到140～150℃;②植物油,如菜油、蓖麻油等,可以加热到220℃;③石蜡,可加热到200℃左右;④硅油,在250℃时仍较稳定,透明度好,安全,是目前实验室里较为常用的油浴之一,但其价格较贵。用油浴加热时,要特别小心,防止着火。当油冒烟情况严重时,应立即停止加热。油浴中应悬挂温度计,以便随时调节电压来控制温度。油浴液不宜过多,避免受热后溢出而引起火灾。万一油浴着火,应先关闭加热电器,再移去周围易燃物,然后用石棉布等盖住油浴口。加热完毕后,把容器提离油浴液面,仍用铁夹夹住,放置在油浴上面,待容器壁上附着的油滴完后,用纸或干布把容器擦净。

沙浴加热:沙浴一般是用铁盘盛装干燥的细海沙(或河沙),将容器半埋在沙中加热。沙浴使用方便,可加热到350℃。加热沸点在80℃以上的液体时可以采用沙浴加热,此法特别适于加热温度在220℃以上的反应。沙浴的缺点是对热的传导能力较差,沙浴温度分布不均匀,且不易控制。因此,容器底部的沙层要薄一些,使容器容易受热,而容器周围的沙层要厚些,使热不易散失。沙浴中应插入温度计,以控制温度;温度计的水银球应紧靠容器。使用沙浴时,台面要铺石棉板,以防烤焦桌面。

2. 冷却

放热反应进行时,常产生大量的热,使反应温度迅速升高,如果控制不当,往往会引起反应物的蒸发,逸出反应器,也可能引起各种副反应,有时甚至会引起爆炸。另外,一些分离提纯反应也需要在低温下进行。为了把温度控制在一定范围内，就需要进行适当冷却。

根据不同的要求，选用适当的冷却剂进行冷却。例如，用水和碎冰的混合物作冷却剂，可冷却至0～5℃；如果反应混合物需要保持在0℃以下，则冷却剂需由碎冰和无机盐混合而成，常见冷却剂如表2所示。在实验室中，最常用的冷却剂是碎冰和食盐的混合物，其冷却的最低温度可达－21℃。干冰可获得－60℃以下的低温，用液氨作冷却剂则可获得－196℃的低温。

表2　常用冷却剂

盐类	用量/(g/100g 碎冰)	混合物能达到的最低温度/℃
NH_4Cl	25	－15
$NaNO_3$	50	－18
NaCl	33	－21
$CaCl_2 \cdot 6H_2O$	100	－29
$CaCl_2 \cdot 6H_2O$	143	－55

二、干燥和干燥剂

干燥是除去固体、液体或气体中少量水分或少量有机溶剂最常用的操作之一。许多反应需要在无水条件下进行，因此，试剂和产品的干燥具有重要的意义。

合成化学实验中，在蒸发溶剂和进一步提纯之前，常常需要除去溶液中所含有的水分。干燥的方法大致有物理干燥法（不加干燥剂）和化学干燥法（加入干燥剂）两种。物理干燥法包括吸收、分馏等，近年来开始出现了离子交换树脂和分子筛等方法。实验室中常用化学干燥法，是用某种无机盐或无机氧化物作为干燥剂与水起化学反应或同水结合生成水化物来达到脱水的目的。用化学干燥法时，物质中所含的水分不能太多（一般不超过10%）。否则，必须使用大量的干燥剂。如果含水量较多时，在干燥前应设法除去大部分水，不应有任何可见的水层及悬浮水珠。

1. 固体的干燥

固体在空气中自然晾干是最简便、经济的干燥方法。但烘干可以使物质更快干燥，首先把要烘干的物质放在表面皿或蒸发皿中，然后将表面皿或蒸发皿放在水浴、沙浴上或两层隔开的石棉网的上层烘干。对于熔点比较高且不易燃的固体物质也可以放在烘箱中干燥，但必须保证其中不含易燃溶剂，在烘干过程中注意防止过热。对于熔点比较高，或受热时易分解，或易升华的固体有机物，可使用真空干燥箱进行干燥。对于易吸潮的物质，最好放在干燥器中干燥。红外灯和红外线干燥箱也是实验室常用的干燥固体物质的器具。它们干燥速度快,可通过调整电压来控制干燥速度。

(1)普通干燥器:如图 1 所示,是由厚壁玻璃制作的上大下小的圆筒形容器,它的盖子与缸身之间的平面经过磨砂,可密封,必要时可在磨口上涂真空油脂。缸中有多孔瓷板,瓷板下面放置干燥剂,上面放置盛有待干燥样品的表面皿。

(2)真空干燥器:如图 2 所示,与普通干燥器大体相似,它的干燥效率较普通干燥器高。真空干燥器顶部装有带玻璃活塞的导气管,用以抽真空,导气管下端呈弯钩状,口向上,防止在通向大气时,因空气流入太快将固体冲散。最好用另一表面皿覆盖盛有样品的表面皿。在抽真空的过程中,干燥器的外围最好能以金属丝(或用布)围住,以确保安全。使用时,真空度不易过高,一般用水泵来抽真空,抽至盖子推不动即可。

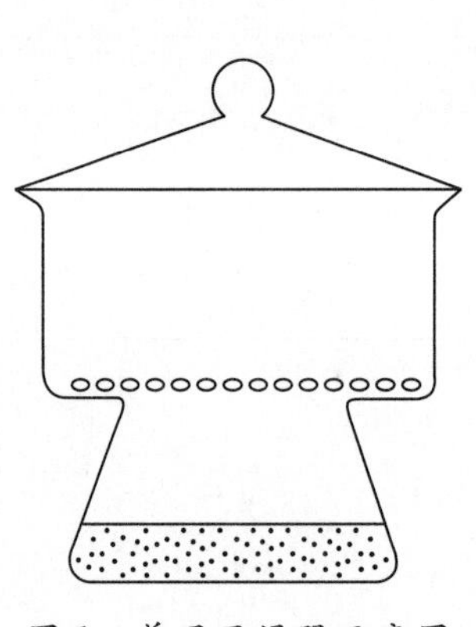

图 1　普通干燥器示意图

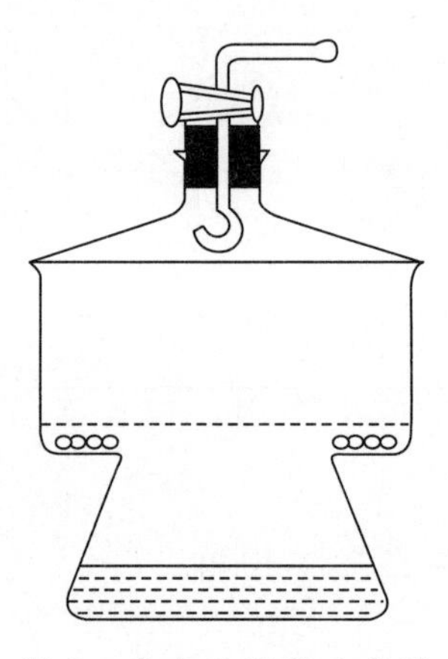

图 2　真空干燥器示意图

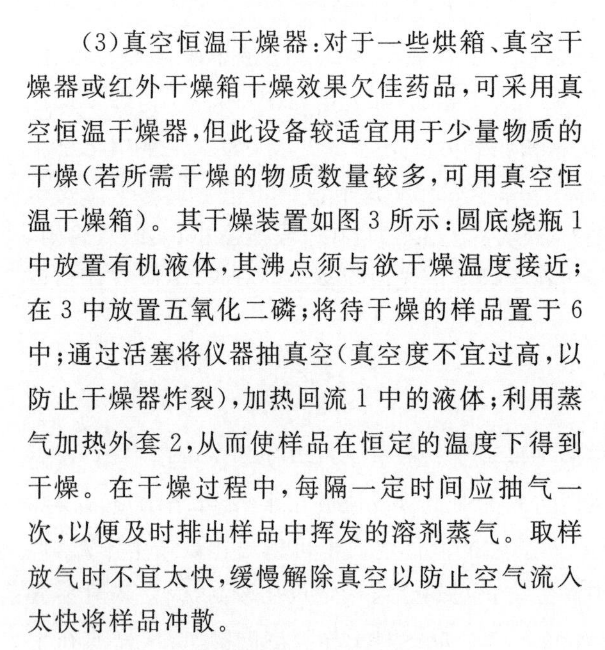

(3)真空恒温干燥器:对于一些烘箱、真空干燥器或红外干燥箱干燥效果欠佳药品,可采用真空恒温干燥器,但此设备较适宜用于少量物质的干燥(若所需干燥的物质数量较多,可用真空恒温干燥箱)。其干燥装置如图 3 所示:圆底烧瓶 1 中放置有机液体,其沸点须与欲干燥温度接近;在 3 中放置五氧化二磷;将待干燥的样品置于 6 中;通过活塞将仪器抽真空(真空度不宜过高,以防止干燥器炸裂),加热回流 1 中的液体;利用蒸气加热外套 2,从而使样品在恒定的温度下得到干燥。在干燥过程中,每隔一定时间应抽气一次,以便及时排出样品中挥发的溶剂蒸气。取样放气时不宜太快,缓慢解除真空以防止空气流入太快将样品冲散。

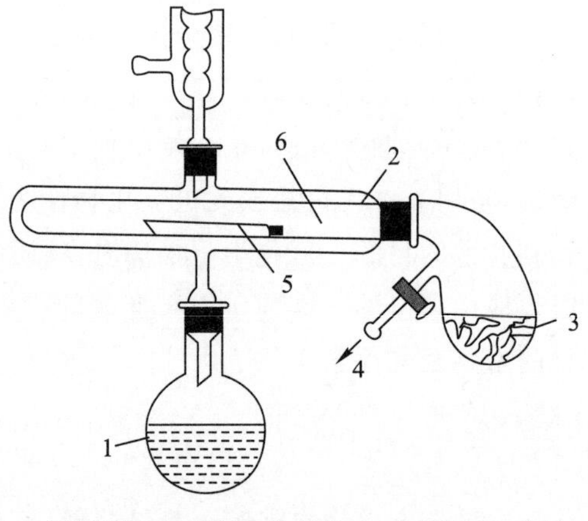

1. 圆底烧瓶;2. 蒸气加热外套;3. 曲颈瓶;4. 出气口;5. 待干燥样品;6. 干燥腔。

图 3　真空恒温干燥器

表 3 中为干燥固体的常用干燥剂。

表 3　干燥固体的常用干燥剂

干燥剂	可以吸收的溶剂蒸气	干燥剂	可以吸收的溶剂蒸气
固体氢氧化钠	水、乙酸、氯化氢、酚、醇	氧化钙	水、乙酸、氯化氢
无水氯化钙	水、醇	五氧化二磷	水、醇
浓硫酸	水、乙酸、醇	硅胶	水
石蜡片	醇、醚、苯、甲苯、氯仿、四氯化碳、石油醚	—	—

2. 液体的干燥

液体的干燥，通常是用干燥剂直接与其接触，并不时剧烈振荡以达到干燥的目的。

1)干燥剂的分类

干燥剂分为两类：一类是与水起化学反应形成另一化合物的干燥剂，如五氧化二磷、氧化钙等；另一类是可与水结合形成水合物的干燥剂，如氯化钙、硫酸镁和硫酸钠等。

2)干燥剂的选择

选择干燥剂时，首先必须考虑干燥剂和被干燥物质的化学性质。能和被干燥物质起化学反应(包括配合、缔合、催化作用)的干燥剂，通常是不能使用的；干燥剂也不应溶解在被干燥液体里。例如，碱性干燥剂不能用来干燥酸性液体，强碱性干燥剂不可用来干燥醛、酮、酯、酰胺类物质。其次还要考虑干燥剂的干燥能力、干燥速度和价格等。下面简要介绍几种最常用的干燥剂(表 4)。

表 4　各类有机物的常用干燥剂

有机化合物	适用的干燥剂	有机化合物	适用的干燥剂
醚类、烷烃、芳烃	无水氯化钙、金属钠、五氧化二磷	酸类	无水硫酸镁、无水硫酸钠
醇类	无水碳酸钾、无水硫酸镁、无水硫酸钠、氧化钙	酯类	无水硫酸镁、无水硫酸钠、无水碳酸钾
醛类	无水硫酸镁、无水硫酸钠	卤代烃	无水氯化钙、无水硫酸镁、无水硫酸钠、五氧化二磷
酮类	无水硫酸镁、无水硫酸钠、无水碳酸钾	胺类	氢氧化钠、氢氧化钾

(1)无水氯化钙：吸水能力强，在 30℃以下形成结晶水合物($CaCl_2 \cdot 6H_2O$)，价格便宜。其干燥效能中等，作用不快，平衡速率慢。用无水氯化钙干燥液体时需要放置一段时间，并间歇振荡。注意：无水氯化钙不能用于酸性物质、醇、酚、酰胺、醛和酯类的干燥。

(2)无水硫酸镁:中性干燥剂,不与有机物和酸性物质起作用。其干燥速度快,价格适中,可用于干燥不能用无水氯化钙作干燥剂的化合物,如醛、酯等。

(3)无水硫酸钠:中性干燥剂,干燥速度缓慢,价格适中,形成结晶水合物,可用于干燥不能用无水氯化钙作干燥剂的化合物,如醛、酯等。但它的干燥效能差,一般用于有机液体的初步干燥。

(4)无水碳酸钾:干燥速度慢,吸水能力弱,形成结晶水合物。一般可用于腈、酮、酯等的初步干燥,或代替无水硫酸镁。它可代替氢氧化钠干燥胺类化合物,但不适用于酸性物质。

(5)氢氧化钠和氢氧化钾:因为此类干燥剂能和很多有机化合物起反应(如酸、酚、酯和酰胺等),也能溶于某些液态的有机化合物中,所以使用范围很有限,相对来说用于胺类的干燥比较有效。

(6)氧化钙:碱性干燥剂,不适于酸、醛、酮等物质的干燥。适于低级醇和碱的干燥,吸水能力强,生成氢氧化钙。

(7)金属钠:用于乙醚、烷烃、芳烃和叔胺类等物质的干燥,形成不可逆化合物。在用金属钠干燥前,须先用无水氯化钙或无水硫酸镁等干燥剂去除其中的大部分水。金属钠通常保存在煤油中,使用时用滤纸将表面的煤油吸干,再把金属钠切成薄片或压成丝使用,剩余的钠碎片应放回煤油瓶中。

3)操作方法

在实验中,液态有机化合物的干燥操作一般在干燥的锥形瓶内进行。首先选择适当的干燥剂,并取适量的干燥剂投入到液体中,用塞子塞紧(用金属钠作干燥剂的除外,此时塞中应插入一个无水氯化钙管,使氢气放空而水气进不来),振荡片刻,静置,使所有的水分全被吸去。若干燥剂附在瓶壁互相黏结,通常说明干燥剂用量不够,部分干燥剂溶解于水;若发现有少量的水层,用吸管吸出水层,再加入新的干燥剂,放置一定时间,至液体澄清为止;通过过滤将干燥剂和溶液分离后,再对溶液进行蒸馏精制。

注意:干燥剂用量通常以10%～15%被干燥物的质量为宜。所用的干燥剂颗粒不要太大,粉状干燥剂在干燥过程中容易成泥浆状,分离困难。温度越低,干燥剂的干燥效果越好,所以干燥应在室温下进行。

3. 气体的干燥

在研究某些气体的性质时,往往需要将其中混有的水蒸气除去,这个过程称为气体的干燥。常利用吸附剂(如变色硅胶、活性氧化铝等)或干燥剂,使气体中的水汽被吸附剂吸附或与干燥剂作用而除去(表5)。气体的干燥方法主要有以下几种。

(1)在反应体系需要防止湿空气时,常在反应器连通大气的出口处装上干燥管,管内放置无水氯化钙(中性干燥剂)或碱石灰(碱性干燥剂)。

(2)在洗气瓶中盛放浓硫酸(酸性干燥剂),将气体通入洗气瓶进行干燥。此时,应将洗气瓶的进气管直通底部,注意不要将进气口和出气口接反。浓硫酸的用量应适宜,太多则压力过大,气体不易通过;太少则干燥效果不好。

(3)在干燥塔中放固体干燥剂，让需要干燥的气体从塔底部进入干燥塔，经过干燥剂脱水后，从塔的顶部流出。在干燥系统与反应系统之间，一般应加置安全瓶，以避免倒吸。

选用干燥剂时应注意：酸性干燥剂不能干燥碱性的气体；反之，碱性干燥剂不能干燥酸性的气体。

表 5　干燥气体时常用的干燥剂

干燥剂	可干燥的气体
石灰、固体氢氧化钠(钾)	NH_3、胺类
碱石灰	N_2、O_2、NH_3、胺类
无水氯化钙	H_2、N_2、O_2、CO_2、CO、SO_2、HCl、低级烷烃、烯烃、醚、卤代烷
五氧化二磷	H_2、O_2、CO_2、CO、SO_2、N_2、烷烃、烯烃
浓硫酸	H_2、N_2、Cl_2、CO_2、CO、烷烃
分子筛	H_2、O_2、CO_2、H_2S、烷烃、烯烃
溴化钙、溴化锌	HBr

三、蒸馏和分馏

蒸馏和分馏都是分离和提纯液态有机化合物的常用方法，凡在沸点时不会分解的物质都可以在常压下进行蒸馏或分馏。它们的基本原理是利用液体混合物中各组分挥发度的不同而进行分离。蒸馏只能将沸点差别较大(相差 30℃以上)的液体混合物分开，分离沸点比较接近(如相差 1～2℃)的液体混合物就需要借助于分馏。

1. 蒸馏

蒸馏装置主要包括蒸馏烧瓶、冷凝管和接收器三部分，如图 4 所示。

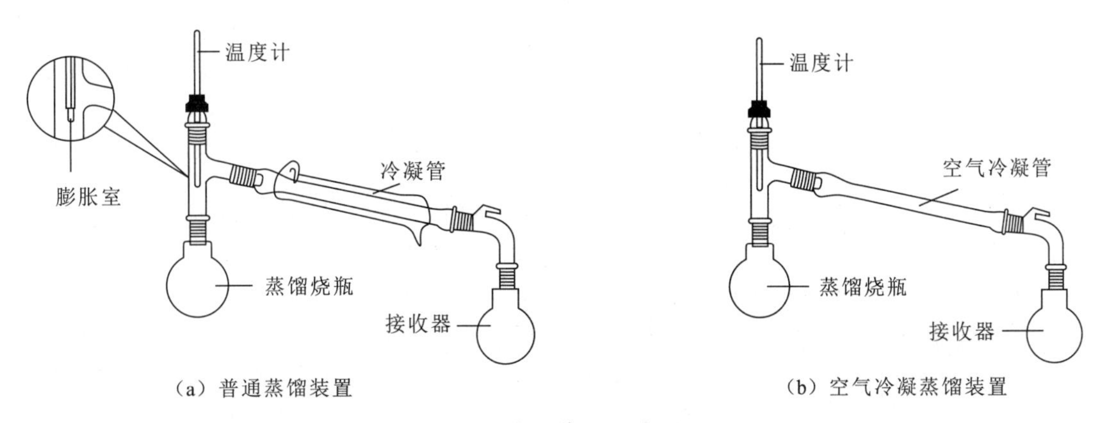

(a) 普通蒸馏装置　(b) 空气冷凝蒸馏装置

图 4　蒸馏装置示意图

进行蒸馏操作时，应注意以下内容。

(1)整个装置必须正而直，连接处必须严密。温度计的位置如图 4(a)所示，温度计膨胀室的上限和蒸馏烧瓶支管下限平齐。

(2)常压下的蒸馏装置必须与大气相通，所蒸馏液体的体积应占蒸馏烧瓶容量的 1/3～2/3。加热前在蒸馏烧瓶中加入 2～3 粒沸石。

(3)当蒸馏沸点高于 140℃的物质时，应换空气冷凝管，如图 4(b)所示。如蒸馏出的物质易受潮分解，可在接收器上连接一个无水氯化钙干燥管。

(4)控制加热条件，使冷凝管流出液滴的速度为 1～2 滴/s 为宜，当蒸馏烧瓶中残留约 1mL 液体时，即停止蒸馏，绝不能蒸干。

许多高沸点有机物，采用常压蒸馏时往往会由于温度高而分解，或者高温时被空气氧化，或易聚合。为避免这些情况，可采用减压蒸馏的方法(图 5)。

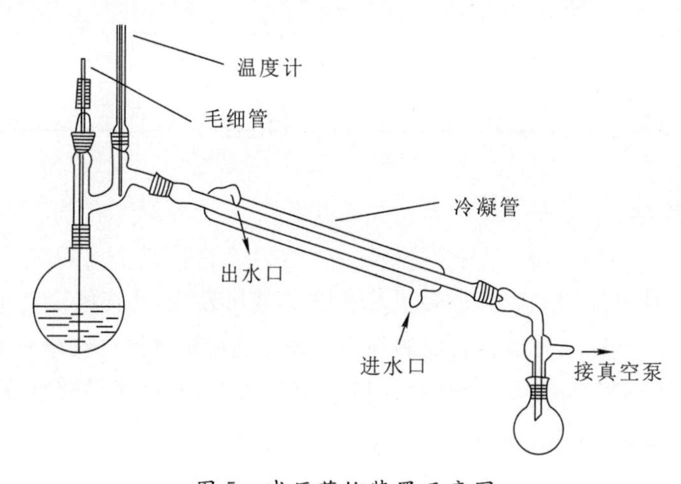

图 5　减压蒸馏装置示意图

2. 分馏

应用分馏柱使几种沸点相近的混合物分离的方法，称为分馏。实际上，在分馏柱内，混合物进行了多次汽化和冷凝，也就是多次的蒸馏。当沸腾混合物蒸气进入分馏柱时，高沸点组分易被冷凝，而蒸气中低沸点组分相对增多。冷凝液下移时又与上升蒸气接触，二者进行热量交换，即低沸点物质仍是蒸气，这样经过多次热交换后，低沸点物质被蒸馏出来，高沸点物质不断流回烧瓶，从而使沸点不同的物质达到分离。分馏装置如图 6 所示。

分馏装置的装配原则及操作与蒸馏相似，分馏操作更应细心。这种简单分馏，效率虽优于蒸馏，但总的来说还不是特别理想，如果要分离沸点相近的液体混合物，还必须用精密分馏装置(图 7)。

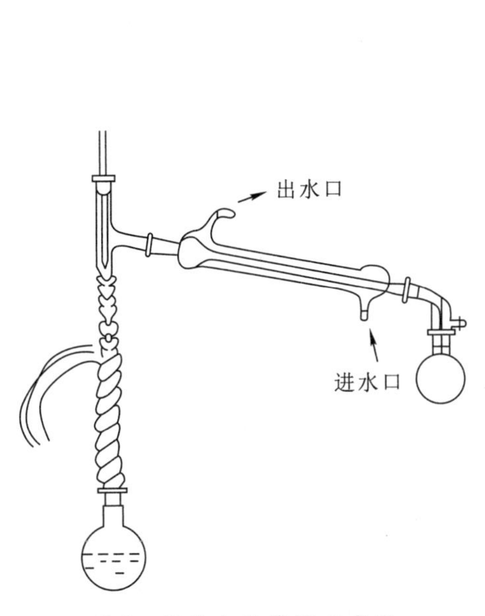

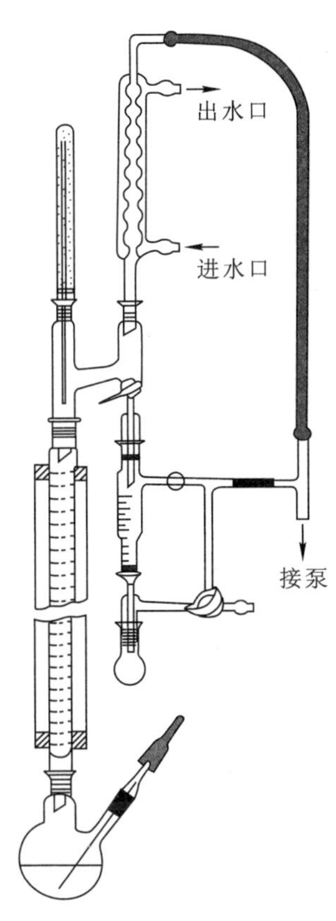

图 6　简单分馏装置示意图

图 7　精密分馏装置示意图

精密分馏的原理与简单分馏的原理完全相同。为了提高分馏效率，在操作上采取了两项措施：一是柱身装有保温套，保证柱身温度与待分馏物质的沸点相近，以利于建立平衡；二是控制一定的回流比（上升的蒸气在柱头经冷凝后，回入柱中的量和出料的量之比）。

操作步骤：在烧瓶中加入待分馏物和几粒沸石，柱头的回流冷凝器中通水，关闭出料旋塞（不得密闭加热）。对保温套及电炉通电加热，控制保温套温度使它略低于待分馏物料组分中最低的沸点温度。调节温度使物料沸腾，蒸气升至柱中，冷凝、回流形成液泛（柱中保持着较多的液体，使上升的蒸气受阻，整个柱子失去平衡）。降低电炉温度，待液体回流烧瓶。液泛现象消失后，提高炉温，重复液泛 1～2 次，充分润湿填料。经过上述操作后，调节柱温，使之与物料组分中最低沸点相同或稍低。控制电炉温度，使蒸气缓慢地上升至柱顶，冷凝而全回流（不出料）。经过一定时间后柱及柱顶温度均达到恒定，表示平衡已建立。此后逐渐旋开出料旋塞，在稳定的情况下（不液泛），按一定回流比连续出料。收集一定沸点范围的每个馏分，记录每一馏分的沸点范围及质量。

四、重结晶和过滤

1. 重结晶

合成反应中制得的固体产品，常含有少量杂质。除去这些杂质最有效的方法，就是用适当的溶剂来进行重结晶。重结晶是利用被提纯物与杂质在同一溶剂中的溶解度随温度变化的差异，将其分离的一种操作。在重结晶过程中，一般是使重结晶物质在较高的温度下溶解于合适的溶剂里，得到过饱和溶液，再在较低的温度下结晶析出，从而使杂质遗留在溶液内。

(1)过饱和溶液的制法：有两种方法，一种是把溶液的溶剂蒸发掉一部分，另一种是将加热下制得的饱和溶液加以冷却。一般常用第二种方法。

(2)溶剂的选择：正确地选择溶剂，对重结晶操作有很重要的意义。在选择溶剂时，必须考虑被溶解物质的成分和结构。例如，含羟基的物质一般都能溶解在水里，高级醇在水中的溶解度就显著地减小，而在乙醇和碳氢化合物中的溶解度就增大。

溶剂的选择必须符合下列条件：①不与重结晶的物质发生化学反应；②在高温时，重结晶物质在溶剂中溶解度较大，而在低温时则很小；③能使溶解的杂质保留在母液中；④容易和重结晶物质分离。此外，还需适当地考虑溶剂的毒性、易燃性和价格等。

(3)操作方法：通常在锥形瓶或烧杯中进行重结晶，因为这样便于取出生成的晶体。使用易挥发或易燃的溶剂时，为了避免溶剂的挥发而发生着火事故，把要重结晶的物质放入锥形瓶中，锥形瓶上应装有回流冷凝管，溶剂可由冷凝管上口加入。先加入少量溶剂加热到沸腾，然后逐渐地添加溶剂(加入后再加热煮沸)，直到固体全部溶解为止。但应注意，不要因为重结晶的物质中含有不溶解的杂质而加入过量的溶剂。除高沸点溶剂外，一般都采用水浴加热。谨记在加入可燃性溶剂时，要先把灯火熄灭。

所得到的热饱和溶液，如果含有不溶的杂质，应趁热把这些杂质过滤除去。溶液中存在的有色杂质，一般可利用活性炭脱色。活性炭的用量，以能完全除去颜色为宜。为了避免过量，应分成小份，逐次加入活性炭。须在溶液的沸点以下加活性炭，并不断搅动，以免发生暴沸。每加一次后，都须再把溶液煮沸片刻，然后用保温漏斗或布氏漏斗趁热过滤。过滤时，可用表面皿覆盖漏斗(凸面向下)，以减少溶剂的挥发。

静置等待结晶时，必须使过滤的热溶液慢慢地冷却，这样所得的结晶比较纯净。一般来讲，溶液浓度较大、冷却较快时，析出的晶体较细，所得的晶体不够纯净。热的滤液再碰到冷的吸滤瓶壁时，往往很快析出晶体，但其质量不好，常需把滤液重新加热使晶体完全溶解，再让它慢慢冷却下来。有时晶体不易析出，则可用玻璃棒摩擦器壁或投入晶种(同一物质的晶体)，促使晶体较快地析出。为了使晶体更完全地从母液中分离出来，最后可用冰水浴将盛溶液的容器冷却。晶体全部析出后，可用布氏漏斗在减压条件下将晶体滤出。

2. 过滤

过滤是分离液—固混合物的常用方法。根据液—固体系性质的不同，可采用不同的过滤方法。过滤分为普通过滤、减压过滤和加热过滤。

(1)普通过滤：通常用 60°角的圆锥形玻璃漏斗，放进漏斗的滤纸，其边缘应比漏斗的边缘低。先把滤纸润湿，然后过滤。倾入漏斗的液体，其液面应比滤纸的边缘低 1cm。

过滤有机液体中的大颗粒干燥剂时，可在漏斗颈部的上口轻轻地放入少量疏松的棉花或玻璃毛，以代替滤纸。如果过滤的沉淀物粒子细小或具有黏性，应先静置溶液，再过滤上层的澄清部分，最后把沉淀物移到滤纸上，这样可以使过滤速度加快。

(2)减压过滤：减压过滤通常使用瓷质的布氏漏斗，漏斗配以橡皮塞，装在玻璃的吸滤瓶上(图 8)。吸滤瓶的支管则用橡皮管与抽气装置连接。若用水泵，在吸滤瓶和水泵之间应连接一个缓冲瓶，防止水的倒吸；若用油泵，在吸滤瓶和油泵之间应连接吸收水汽的干燥装置及缓冲瓶。滤纸应剪成比漏斗的内径略小，又能恰好盖住所有小孔的大小。

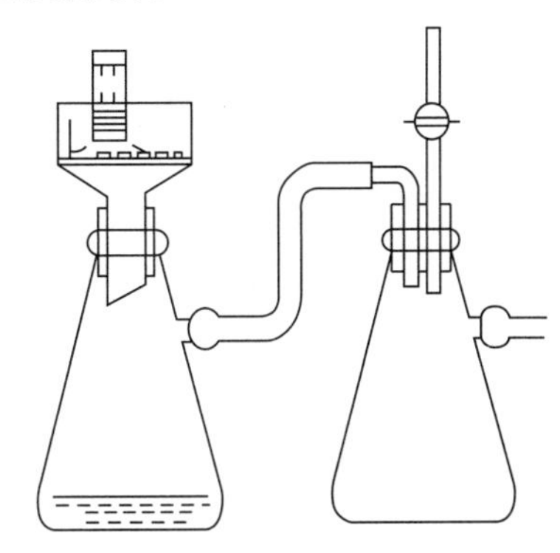
图 8　减压过滤装置示意图

过滤时应先用溶剂把平铺在漏斗上的滤纸润湿，然后开动水泵(或油泵)，使滤纸紧贴在漏斗上。小心地把要过滤的混合物倒入漏斗中，使固体均匀地分布在整个滤纸面上，直到几乎没有液体滤出为止。为了尽量把液体滤净，可用空心玻璃塞压挤过滤的固体。

在漏斗上洗涤滤饼的方法：把滤饼尽量地抽干、压干。拔掉抽气的橡胶管，使漏斗内恢复常压。把少量溶剂均匀地洒在滤饼上，使溶剂恰能盖住滤饼。静置片刻，使溶剂渗透滤饼，待有滤液从漏斗下端滴下时，重新抽气，再把滤饼尽量抽干、压干。这样反复几次，就可把滤饼洗净。必须记住：在停止抽滤时，应该先拔去抽气的橡胶管，然后关闭抽气泵；在过滤强酸性或强碱性溶液时，须在布氏漏斗上铺上玻璃布、涤纶布或氯纶布来代替滤纸。

减压过滤的优点：过滤和洗涤的速度快，液体和固体分离得较完全，滤出的固体容易干燥。

(3)加热过滤：用锥形的玻璃漏斗过滤热的饱和溶液时，常在漏斗中或其颈部析出晶体，使过滤发生困难。这时可用保温漏斗来过滤。保温漏斗的外壳是铜制的，里面插一个玻璃漏斗，在保温漏斗中间装水，在外壳的支管处加热，即可把夹层中的水烧热而使漏斗保温(图 9)。

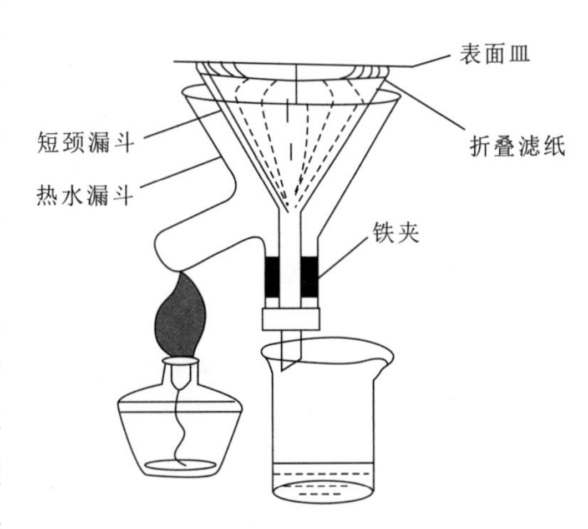

图 9　加热过滤装置示意图

为了尽量利用滤纸的有效面积以加快过滤速度，过滤热的饱和溶液时，常使用折叠式滤纸，折叠的方法如图 10 所示。先把滤纸折成半圆形，再对折成圆形的 1/4，按图中所示的步骤折叠，最后做成折叠滤纸，放入漏斗中使用。每次折叠时，在折痕集中处切勿对折重压，否则在过滤时滤纸的中央易破裂。

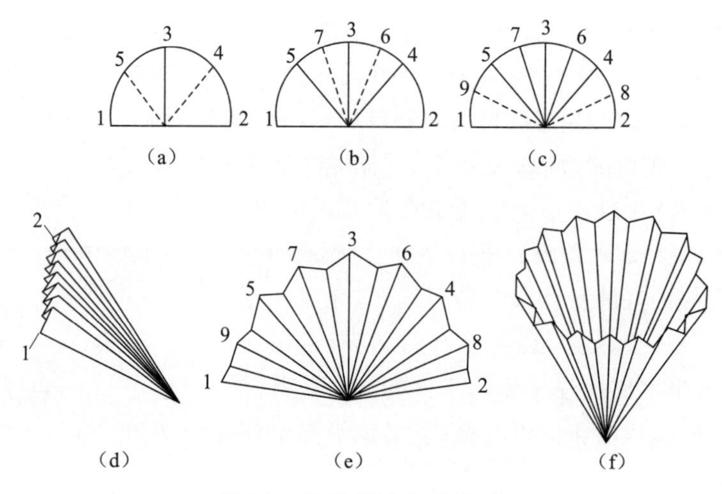

图 10　折叠式滤纸的折法

注:图中数字代表折叠次数,实线代表已折折痕,虚线代表待折折痕;将图形滤纸对折后,按手风琴状多次折叠,打开后即成锥形。

过滤时,把热的饱和溶液缓缓地倒入漏斗中。漏斗中的液体不宜积得太多,以免析出晶体,堵塞漏斗。

五、提取、萃取和洗涤

提取、萃取和洗涤是利用物质在不同溶剂中的溶解度差异来进行分离的操作。一般从固体混合物中分离物质的操作称为提取;从液体混合物中分离物质的操作称为萃取。萃取和洗涤在原理上是一样的,只是目的不同。从混合物中抽取的物质,如果是我们所需要的,这种操作叫作萃取或提取;如果加入溶剂的目的是带走不需要的杂质,这种操作叫作洗涤。

1. 从固体混合物中提取

从固体混合物中提取所需的物质,最简单的方法是把固体混合物先研细,放在容器里,加入适当溶剂,用力振荡,然后用过滤或倾析的方法把提取液和残留的固体分开。若被提取的物质特别容易溶解,也可以把固体混合物放在有滤纸的锥形玻璃漏斗中,用溶剂洗涤。这样,所要提取的物质就可以溶解在溶剂里而被滤取出来。如果提取物质的溶解度很小,用洗涤方法则要消耗大量的溶剂和很长的时间,效率不高。此时,一般用索氏提取器(又称脂肪提取器,如图 11 所示)来提取。

索氏提取器是利用溶剂回流及虹吸原理,使固体物质连续不断地为纯的溶剂所提取,效率较高。具体操作步骤:提取前先将固体物质研细,以增加溶剂浸润面积。将滤纸做成与提取器大小相适应的套袋，然后把固体混合物放置在套袋内，装入提取器中。溶剂的蒸气从烧瓶进入冷凝管中，冷凝后，回流到固体混合物里，浸提样品，溶剂在提取器内到达一定的高度时，就和所提取的物质一同从提取器侧面的虹吸管流入烧瓶中。溶剂就这样在仪器内循环流动，把所要提取的物质富集到下面的烧瓶里，然后用其他方法将提取的物质从溶液中分离出来。

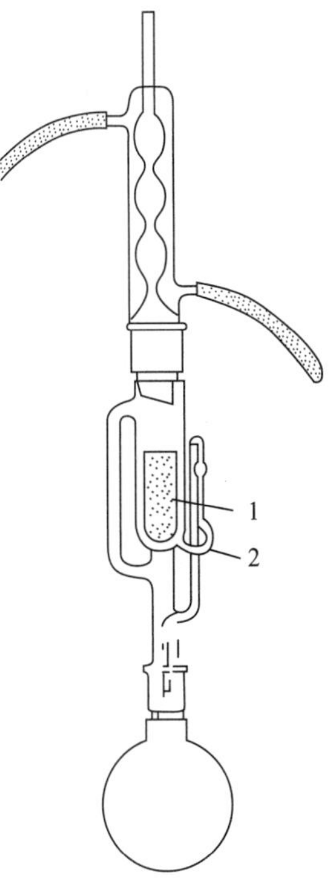

1. 套袋；2. 虹吸管。

图 11　索氏提取器示意图

2. 从液体混合物中萃取或洗涤

通常用分液漏斗从液体混合物中萃取所需物质或去除杂质。应选择容积比萃取液体积大一倍以上的分液漏斗。分液漏斗使用前，必须检查其盖子和旋塞是否配套、严密，以防分液漏斗在使用过程中发生泄漏而造成损失。检查的方法通常是先用水试验。在萃取或洗涤操作时，先将液体与萃取用的溶剂（或洗液）由分液漏斗的上口倒入，盖上盖子，振荡漏斗，使两液层充分接触。振荡的操作方法一般是先把分液漏斗倾斜，使漏斗的上口略朝下，如图 12 所示。右手捏住漏斗上口颈部，并用食指根部压紧盖子，以免盖子松开。左手握持旋塞的方法既要能防止振荡时旋塞转动或脱落，又要便于灵活地旋开旋塞。振荡后，令漏斗仍保持倾斜状态，旋开旋塞，放出蒸气或产生的气体，使内外压力平衡。若不放气，内压力过大会使活塞渗漏液体，故应多次放气。放气时，管口勿对人。若在漏斗内盛有易挥发的溶剂（如乙醇、苯等），或用碳酸钠溶液中和酸液时，振荡后，更应注意及时旋开旋塞，放出气体。振荡数次以后，将漏斗竖直放于铁环上静置，使乳浊液分层（分层界面清晰）。有时有机溶剂和某些溶液一起振荡，会有少许乳化层浮于液面，此时可用玻璃棒由上而下轻压。振荡过程中如果形成较稳定的乳浊液，应该避免急剧的振荡；如若已经形成乳浊液，且一时又不易分层，则可加入食盐，使溶液饱和，以降低乳浊液的稳定性；轻轻地旋转漏斗，也可使其加速分层。在一般情况下，长时间的静置，可达到使乳浊液分层的目的。

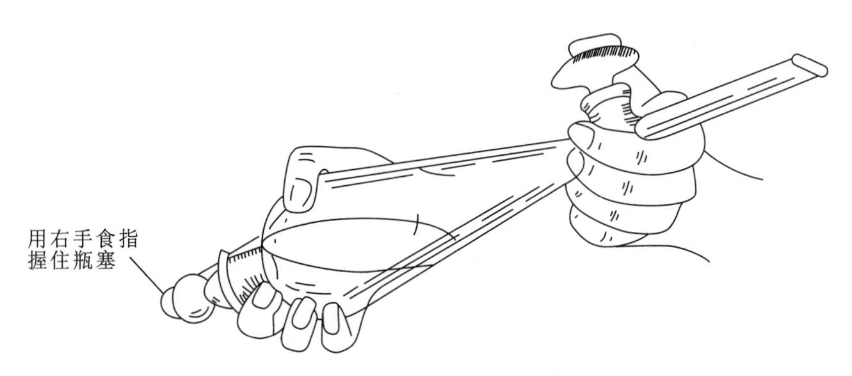

图 12　分液漏斗的使用

分液漏斗中的液体分成清晰的两层后，就可以进行分离。分离液体时，下层液体应经旋塞放出，上层液体应从上口倒出。如果上层液体也经旋塞放出，则漏斗旋塞下面颈部所附着的残液就会污染上层液体。

先把顶上的盖子打开（或旋转盖子，使盖子上的凹缝或小孔对准漏斗上口颈部的小孔，以便与大气相通），将分液漏斗的下端靠在接收器的壁上，转动旋塞，让液体流下。当分液面接近旋塞时，关闭旋塞，静置片刻，这时下层液体往往会增多一些。再把下层液体仔细地放出，然后把剩下的上层液体从上口倒入另一个容器里。

在萃取或洗涤时，上下两层液体都应该保留到实验完毕，否则，如果中间的操作发生错误，便无法补救和检查。在萃取过程中，将一定量的溶剂分作多次萃取，其效果要比一次萃取好。一般萃取以 3 次为宜，另外为了提高萃取效率，萃取时可在水溶液中加入一定量的电解质（如氯化钠），利用盐析效应降低有机化合物和萃取溶剂在水中的溶解度。萃取剂的选择要求：与原溶剂不互溶，被萃取的物质在萃取剂中的溶解度比原溶剂大，与原溶剂及萃取物不反应；沸点较低；易于回收。

第四节　实验的预习、记录和报告

合成化学实验是一门综合性较强的理论联系实践的课程，是激发学生求知欲、探索精神的重要教学环节。通过实验操作不仅可以培养学生的实验动手能力，同时也可以提升学生分析问题和解决问题的能力。为了达到预期的效果，在实验开始前要做好充分的预习和准备工作。

一、实验预习

每个学生须准备一本实验记录本，并编上页码。实验前，必须认真预习与实验有关的全部内容，做好预习笔记和实验安排。

(1)明确实验的目的和要求。

(2)弄清实验的基本原理，用反应式写出主反应和副反应，并写出反应机理。

(3)查阅相关文献、资料，了解实验药品、主副产物的理化性质及合成产品的应用情况。

(4)画出实验装置图，并标出实验所用仪器。

(5)熟悉实验步骤，弄清每一步操作的目的、影响实验效果的关键步骤及实验中的注意事项。

(6)完成产物理论产量的计算。

二、实验记录

在实验进行中，养成及时记录的好习惯，实验记录的好坏直接影响对实验结果的分析，不能实验完成后凭记忆再补写。记录要实事求是，如出现错误，可用笔勾掉，但不得涂抹，亦不得用橡皮擦擦掉甚至撕掉某一页。实验记录必须完整，应如实记录实验的全过程，具体包括以下内容。

(1)实验日期、实验地点、天气、室温、湿度、大气压及实验操作人员。

(2)加入试剂的规格、颜色及用量，仪器名称、规格、牌号。

(3)仪器装置及每一步操作的时间、内容和所观察到的现象、结果。例如实验过程中的颜色变化、沉淀及气体的产生、固体的溶解、体系温度的变化等。特别是当实验现象与预期不一致时，更应该按照实验的实际情况记录清楚，便于后续的分析总结。

(4)产品的颜色、产量及各种物化数据。

三、实验报告

实验报告是实验的一个重要环节，是把各种实验现象由感性提高到理性认识的必要步骤，在实验完成后要及时写出实验报告。实验报告主要包括以下内容。

(1)实验名称。

(2)实验目的。

(3)实验原理：简要介绍实验原理，包括主反应和副反应。

(4)实验仪器、试剂：仪器的型号、数量及规格；试剂的名称及规格。

(5)实验装置图。

(6)实验步骤、实验现象及结果。

(7)数据处理及结论。

(8)问题讨论。

第二章 无机合成

第一节 低温固相合成法

固相化学合成，是指利用固态物质为反应物进行的化学合成。根据反应发生的温度，可以将固相化学合成分为：①高温固相合成，反应温度高于 600℃；②低温固相合成，反应温度低于 600℃。传统固相化学合成通常是指高温固相合成，只限于制备那些热力学稳定的化合物，到目前为止已合成出了大量固体材料，在合成传统材料方面应用较广。低温固相合成是一种低成本、操作工艺简单、反应条件温和、产率高、污染小、节省能源的合成方法。低温固相合成又可以分为低温固—固反应、低温固—液反应和低温固—气反应。有的低温固—固反应将反应物在研钵中研磨即可，没有溶剂参与反应，在合成纳米材料的过程中可避免在液相合成中出现的硬团聚现象，因此制备工艺简单。综上，低温固相化学合成所具有的优点，使之成为固体材料合成的重要手段。

实验 1 光电材料 CuS 的低温固相合成

一、实验目的

(1)掌握低温固相合成的基本原理。

(2)了解纳米 CuS 的制备方法。

(3)了解纳米 CuS 的应用情况。

二、实验原理

纳米 CuS 是一种重要的光电材料，在太阳能电池材料、聚合物表面的导电层、光学过滤器及室温下的氨气传感器等领域中被广泛应用。纳米 CuS 是一种重要的半导体材料，作为 P 型半导体，其禁带宽度较窄，为 2.0eV，同时易被可见光激发，并且具有光化学性能稳定、无毒、价格低廉等优点，可直接利用可见光对污染物进行光催化降解。此外，纳米 CuS 具有光热敏感特性，在近红外光的照射下，会发生表面等离子共振，实现高效的光热转化，在肿瘤的光热治疗中被广泛应用。

纳米 CuS 的制备方法比较多，例如均相沉淀法、微波辐射法、微乳液法、超声波化学合成法、水热法和溶剂热法等，都能合成出 CuS 纳米粒子。但这些方法存在着一些不足之处，如反应过程复杂，不易控制，反应物不容易得到，反应时间长，反应温度高等。相比之下，低温固相合成具有诸多优势。一般的低温固相合成主要为固体粉末反应，此类反应受诸多因素的影响，如颗粒尺寸、粒度分布及其形貌、物料混合的均匀性、接触面积、反应物及产物相的数量与时间的函数关系、粉体的蒸气压与蒸发速率等。

本实验采用表面活性剂聚乙二醇 400(PEG 400)为辅助剂，将各固态反应物料在研钵中研磨(图 13)，用一步低温固相合成法合成纳米 CuS。其化学反应式为：

$$CuCl_2 \cdot 2H_2O(s) + Na_2S \cdot 9H_2O(s) \longrightarrow CuS(s) + 2NaCl + 11H_2O$$

陶瓷研钵

玛瑙研钵

图 13　实验室常用的陶瓷研钵和玛瑙研钵

三、仪器与试剂

仪器：研钵，电子天平，过滤装置，X 射线衍射仪，透射电子显微镜。

试剂：$CuCl_2 \cdot 2H_2O$，$Na_2S \cdot 9H_2O$，PEG 400，无水乙醇。

四、实验步骤

1. 纳米 CuS 的合成

(1)将 $CuCl_2 \cdot 2H_2O$ 和 $Na_2S \cdot 9H_2O$ 分别研磨成细粉状，然后取 4.6g $CuCl_2 \cdot 2H_2O$ 和 6.4g $Na_2S \cdot 9H_2O$，将两种细粉混合，加入 6mL 表面活性剂(PEG 400)后研磨 20～30min。

(2)将所得产物用水和无水乙醇反复洗涤、过滤，在室温下干燥。

2. 产物表征

(1)采用 X 射线衍射仪进行物相分析。
(2)采用透射电子显微镜观察纳米晶的形状和尺寸。

五、思考题

(1)讨论 CuS 纳米粒子的形成机理。
(2)分析表面活性剂在纳米 CuS 合成中的作用。

实验 2　纳米 ZnO 的低温固相合成

一、实验目的

(1)了解纳米 ZnO 材料的制备和初步表征。
(2)了解纳米 ZnO 材料的应用。

二、实验原理

ZnO 是一种重要的宽带隙(3.37eV)半导体氧化物,常温下激发键能为 60meV。纳米 ZnO 是已制备的无机纳米材料中被证明结构最为丰富的纳米物质,已发现的常规形貌有颗粒、纳米线、纳米带、纳米棒,奇特形貌有纳米环、纳米钉、纳米弹簧等。由于极细的晶粒,具有明显的表面效应、体积效应、量子尺寸效应和宏观隧道效应,使纳米 ZnO 在光、电、磁敏感材料等方面呈现出常规材料所不具备的特殊性能,具有广阔的应用前景。纳米 ZnO 材料已经应用于纳米发电机、紫外激光器、传感器和燃料电池等领域。

本实验采用硫酸锌、碳酸钠为原料,低温固相合成纳米 ZnO。其化学反应式为:

$$ZnSO_4 \cdot 7H_2O + Na_2CO_3 \longrightarrow ZnCO_3 \downarrow + Na_2SO_4 + 7H_2O$$

$$ZnCO_3 \xrightarrow{\triangle} ZnO + CO_2$$

三、仪器与试剂

仪器:研钵,电子天平,红外线干燥箱,马弗炉,循环水真空泵,烘箱,纳米激光粒度仪,透射电子显微镜。

试剂:$ZnSO_4 \cdot 7H_2O$,无水 Na_2CO_3,无水乙醇。

四、实验步骤

1. 纳米 ZnO 的合成

(1)称取 14.5g $ZnSO_4 \cdot 7H_2O$ 和 5.5g 无水 Na_2CO_3，分别研磨 10min，再充分混匀后研磨 10min，100℃远红外干燥 2h，得前驱体 $ZnCO_3$。

(2)将干燥后的前驱体 $ZnCO_3$ 在 300℃下焙烧 1h，用去离子水洗涤 2～3 次，再用无水乙醇洗涤 3 次，减压过滤，然后在 120℃干燥，得到纳米 ZnO 颗粒。

2. 产物表征

(1)采用纳米激光粒度仪测试纳米 ZnO 的粒径。

(2)采用透射电子显微镜观察纳米 ZnO 的形貌。

五、思考题

(1)查阅有关文献、资料，了解纳米 ZnO 的应用。

(2)分析用无水乙醇洗涤的作用。

实验 3　半导体材料纳米 CdS 的低温固相合成

一、实验目的

(1)熟悉纳米 CdS 的制备原理。

(2)了解纳米 CdS 的制备方法。

二、实验原理

半导体光电子材料经过几十年的发展，已经成为在国民经济等领域得到广泛应用的一类电子信息材料。CdS 是一种重要的Ⅱ～Ⅵ族半导体材料，与其他可见光驱动的 N 型半导体材料相比，具有价格低廉、制备方法简单、对可见光有良好的响应(在常温下其直接带隙为 2.4eV)等优点，因而受到了人们的广泛关注。纳米粒子表面效应引起纳米 CdS 粒子的表面原子输运和构型的变化，同时也引起表面电子自旋构象和电子能谱的变化，对其光学、电学等性能具有重要影响。因此，纳米 CdS 在催化、非线性光学、磁性材料、光电子器件、太阳能转换、生物、通信等领域有广阔的应用前景。

目前,国内外学者已经建立和发展了多种合成纳米 CdS 材料的方法。例如,水热—溶剂热法、SBA－15 模板法、电化学法、溶胶—凝胶法、微乳液法、低温固相合成法等。

本实验采用低温固相合成法,将金属离子和 Na_2S 产生的 S^{2-} 进行反应。其化学反应式为:

$$CdCl_2 + Na_2S \longrightarrow CdS + 2NaCl$$

本实验利用表面活性剂为形状和晶相控制剂,通过选用合适的镉盐和硫化剂进行充分研磨,用简单的一步固相合成法合成出形状和晶相可控的纳米 CdS。

三、仪器与试剂

仪器:玛瑙研钵,电子天平,烘箱,X 射线衍射仪,透射电子显微镜。

试剂:$CdCl_2 \cdot 2.5H_2O$,$Na_2S \cdot 9H_2O$,PEG 400,CH_3CSNH_2(TAA),NaOH 固体。

四、实验步骤

1. 纳米 CdS 的合成

1)方法一

(1)称取 5.8g $CdCl_2 \cdot 2.5H_2O$ 和 6.1g $Na_2S \cdot 9H_2O$ 分别研磨成细粉状,然后将两种细粉混合,加入 8mL 表面活性剂(PEG 400)后研磨 20min。

(2)将所得黄色产物反复用去离子水洗至 pH=7,在 80℃烘干 5h,在 100℃烘干 1h,记为 CdS-1。

2)方法二

(1)称取 0.01mol $CdCl_2 \cdot 2.5H_2O$ 和 0.01mol TAA,分别于玛瑙研钵中充分研磨,然后将 $CdCl_2 \cdot 2.5H_2O$ 和 1.0gNaOH 固体混合研磨,随后边研磨边加入 TAA,研磨 1h。

(2)升温至 80℃,在此温度下研磨 2h,随着研磨的进行,慢慢出现橙黄色。产物用去离子水洗至 pH=7,在 80℃烘干 3h,在 100℃烘干 1h,记为 CdS-2。

2. 产物表征

(1)采用 X 射线衍射仪测定产物的 X 射线衍射图。

(2)采用透射电子显微镜观察产物的形貌。

五、思考题

(1)对比不同方法所制备的纳米 CdS 的 X 射线衍射图、透射电镜显微图。

(2)分析不同制备方法影响产物形貌的原因。

(3)推测合成反应的机理。

实验 4　纳米 CuO 的低温固相合成

一、实验目的

(1)学习纳米材料制备及表征的基本方法。

(2)通过实验掌握低温固相法制备纳米粒子的基本原理和具体操作。

二、实验原理

CuO 粉是一种棕黑色的粉末，密度为 6.30～6.49g/cm^3，熔点为 1326℃，溶于稀酸、NH_4Cl、$(NH_4)_2CO_3$、KCN 溶液，不溶于水，在醇、氨溶液中溶解缓慢，高温遇氢或 CO，就可还原成金属铜。CuO 的用途很广，作为一种重要的无机材料，在催化、超导、陶瓷、玻璃、热电等领域中有广泛应用。它可以作为催化剂及催化剂载体以及电极活化材料，还可以作为火箭推进剂。其中，作为催化剂的主要成分，CuO 粉在氧化、加氢及碳氢化合物燃烧等多种催化反应中得到广泛应用。纳米 CuO 具有比大尺寸 CuO 粉更优越的催化活性和选择性以及其他性能。

纳米 CuO 的制备方法较多，如化学共沉淀法、水热法等。本实验是采用室温条件下的固—固相化学反应来合成纳米 CuO，其化学反应式为：

$$CuCl_2 + 2NaOH \longrightarrow 2NaCl + CuO + H_2O$$

三、仪器与试剂

仪器：研钵，电子天平，离心机，超声清洗器，烘箱，X 射线衍射仪。

试剂：$CuCl_2$，NaOH 固体，无水乙醇，$AgNO_3$。

四、实验步骤

1. 纳米 CuO 的合成

(1)称取 17g $CuCl_2$ 在研钵中充分研细后，加入 8g NaOH(s)再充分混合研细。待体系剧烈反应变黑后，继续研磨 10min(研磨 5min 后，由于体系温度升高和吸水的缘故，体系剧烈反应，固体由蓝色迅速变成黑色，同时放出大量的热量。继续研磨后，研钵内的物质完全变黑，形成泥状固体)。

(2)将所得混合体系转移到离心管中，加入 80mL 蒸馏水超声清洗。

(3)在 8000r/min 条件下离心 8min。倾去上层清液后再加入蒸馏水清洗，重复上述操作 8 次（向离心机中放置离心管时，各离心管液面要相平，并对称放置，防止离心机因不平衡而发生震动，损伤仪器。每次离心完毕后，取离心管中的上层清液，用 $AgNO_3$ 溶液滴加，观察有无沉淀。实验中发现沉淀量逐渐减少，第 8 次清洗后无白色沉淀）。

（4）离心完毕，再用 40mL 无水乙醇超声清洗一遍。然后将得到的黑色固体转移到表面皿中，在 85℃烘箱中干燥 1h。

2. 产物表征

将干燥后的固体产物研细，进行 X 射线衍射分析。

五、思考题

（1）固相反应为什么能生成纳米材料？

（2）固相反应不仅能够制备纳米氧化物、硫化物、复合氧化物等，还能制备多种簇合物，特别是一些与溶剂发生副反应的混合物，它还广泛应用于一些有机反应。根据固相反应理论，试提出两个常见的化学反应改用固相反应的可能性假设。

实验 5　酞菁铁的固相合成及表征

一、实验目的

（1）了解固相熔融合成酞菁铁，并对粗产品进行精制和表征。

（2）了解酞菁类化合物的结构、基本性质及应用前景。

二、实验原理

酞菁类化合物是一类具有高度共轭结构的大环化合物：

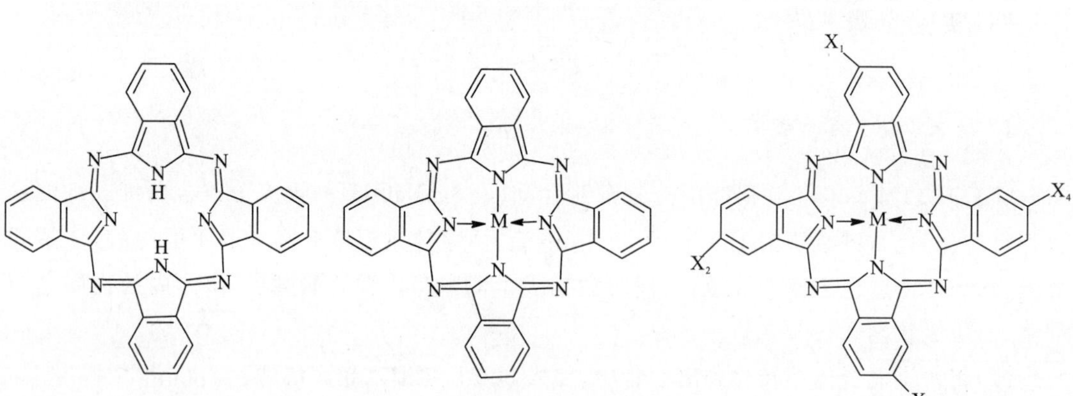

(a)　　(b)　　(c)

(a)酞菁结构，经过分析，酞菁中心空隙的半径为 0.135nm；(b)酞菁与金属离子形成金属酞菁；(c)金属酞菁苯环上可继续发生取代反应。

酞菁类化合物刚性共面的分子主体结构、环周围丰富的取代位点以及环内空腔的强金属配位能力等特征赋予了酞菁类化合物许多优异的性能，使其具有良好的化学性质、催化活性、窄而可调的光学带隙、热稳定性和光稳定性，并且廉价易得、低毒，在紫外-可见光谱区域有广泛的光谱响应，因而在光化学、电变色、光催化、光导电、有机电致发光器件、染料、医学等方面有广阔的应用前景。

制备金属酞菁化合物的方法较多，最常见的有 3 种。

反应(1)：$M(II)+4C_8H_4N_2 \xrightarrow[\text{固体或溶液}]{573K} PcM$

反应(2)：$MX_2+PcLi_2 \xrightarrow[\text{溶液}]{\text{室温}} PcM+2LiX$

反应(3)：$M(II)+4C_6H_4(CO)_2O+4CO(NH_2)_2 \xrightarrow[\triangle]{\text{催化剂}} PcM+2H_2O+CO_2$

其中，Pc 为酞菁，M 为金属离子，X 为卤素。

本实验按反应(3)合成酞菁铁，采用以氯化亚铁、苯酐和尿素为原料合成酞菁铁的苯酐尿素法，以钼酸铵、氯化铵为催化剂。尿素在 140℃时处于熔融状态，此时尿素作为溶剂和反应物提供形成酞菁类化合物所需要的氮元素，在钼酸铵催化剂的作用下，与苯酐缩合形成酞菁环，氯化亚铁提供铁原子与酞菁环上的氮原子配位得到产物酞菁铁：

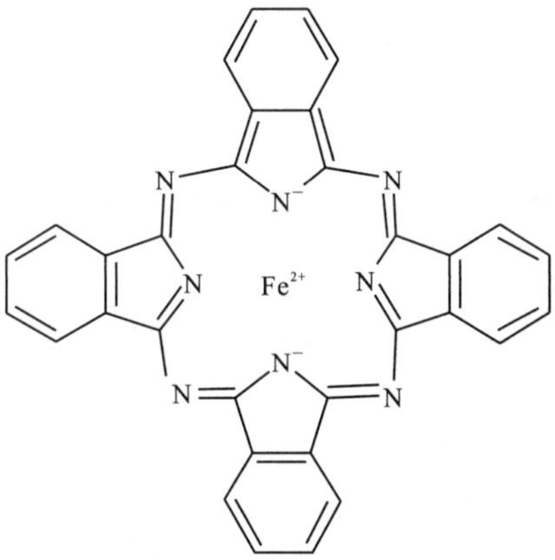

本实验方法为固相熔融聚合法合成酞菁铁，与液相法相比，合成工艺较为简单，不使用有毒的有机溶剂，当然也不存在有机溶剂污染和回收利用的问题。

三、仪器与试剂

仪器：电子天平，回流装置，电热套，过滤装置，热重分析仪，紫外-可见分光光度计，红外灯，红外光谱仪，真空纯化装置，元素分析仪。

试剂：氯化铁，铁粉，尿素，邻苯二甲酸酐，钼酸铵，氯化铵，氢氧化钠，盐酸，丙酮。

四、实验内容

1. 酞菁铁的合成

(1)酞菁铁粗产品的合成:称取 2.5g 尿素、6.3g 邻苯二甲酸酐、0.65g 氯化铁、0.65g 铁粉,混合后研磨均匀,装入 150mL 三口烧瓶中。油浴加热至 140℃,不断搅拌,待反应物熔融后,立即加入事先混合好的 0.2g 钼酸铵和 1.5g 氯化铵。继续升温至 210℃,待固体完全熔融后(溶液呈黄绿色,瓶内出现白色烟雾并重结晶附着瓶壁),保温反应至液体基本消失。冷却,加入适量 5%NaOH 溶液,微热将产物转移到 250mL 烧杯内,过滤,并分别用 5%NaOH 溶液、5%HCl 溶液和水洗涤数次,粗产品用丙酮浸泡洗涤,转移至表面皿,并在黑暗中于 70℃ 干燥得蓝紫色酞菁铁。

(2)酞菁铁的纯化:将粗产品转入真空纯化装置的石英管中,在氮气气氛下,于 200Pa、753K 左右,恒温加热 2h,此时粗酞菁铁在真空条件下因升华而纯化。

2. 酞菁铁的表征

(1)取少量纯化的酞菁铁,用元素分析仪测定其中 C、H、N 的比值并与理论值进行比较。

(2)取 1mg 纯化的酞菁铁,加入 100mg KCl 固体,研磨均匀,并在红外灯下烘烤一定时间,除去水分。压片后在红外光谱仪上于 400~4000cm^{-1} 范围内测定其红外光谱,并与其标准红外光谱图比较。

(3)以苯和二甲亚砜(质量比为 98∶2)为溶剂,测定样品的紫外-可见吸收光谱曲线,并找出其最大吸收波长。

五、思考题

(1)用丙酮处理粗产品时,主要除去哪些杂质?

(2)比较酞菁和酞菁配合物(如酞菁铁)的红外光谱,分析低频区红外峰的差别,并说明原因。

(3)查资料了解酞菁化合物在有机电致发光器件中的应用情况。

第二节 化学共沉淀法

化学共沉淀法是液相化学反应合成粉体材料的常用方法,一般是指溶液中含有一种或多种阳离子,它们以均相存在于溶液中,加入适当的沉淀剂后,溶液中已经混合均匀的各组分按化学计量比共沉淀出来，或者结晶处理，再将沉淀物脱水或热分解制得所需的微粉。化学共沉淀法操作简单、混合均匀、成本低、条件温和，能避免固相法需要长时间混合焙烧、耗能大、研磨时易引入杂质等问题。化学共沉淀法通过对制备条件的控制，具有容易制备单一相组成、颗粒较小且粒度分布均匀的产物的优点，便于推广并实现工业化生产。目前，该方法广泛应用于无机材料的制备。

近年来，对无机新型材料粒子的粒度和形貌进行有效的调控已成为该材料被广泛应用和功能化的关键因素，其中对粒度的控制已经取得了一定的进展，但对形貌的调控研究还处于起始阶段。晶体生长所形成的几何外形，是由所出现晶面的种类和它们的相对大小决定的，也是由各晶面间的相对生长速度关系决定的。各晶面生长速度不同，本质上是受结构控制的，这遵循一定的规律。但实际上，它们不可避免地要受到生长时各种环境因素的影响。所以，一个实际晶体所表现的生长形貌是内部和外部两方面共同作用的结果。

影响晶体形貌的内因：常见的经典晶体形貌的理论模型主要有布拉维法则、居里—吴里夫原理和周期键链理论等。布拉维法则从晶体的面网密度出发，考虑了晶体结构中螺旋位错和滑移对晶体最终形貌的影响，给出了晶体的理想生长形貌；居里—吴里夫原理指出在晶体生长中，就晶体的平衡态而言，各晶面的生长速度与该晶面的表面能成正比；周期键链理论从分子间的键链性质和结合能的角度出发，描述了它们与晶体的数字形貌之间的关系。

影响晶体形貌的外因：主要有涡流、温度、杂质、介质黏度和过饱和度等。涡流可以使溶液对生长晶体的物质供应不均匀，使处于容器中不同位置的晶体具有不同形态；介质温度的变化，可以直接导致过饱和度及过冷却度的变化，同时使晶面的比表面自由能发生改变，可以使不同晶面的相对生长速度有所改变，从而影响晶体的形貌。

使用添加剂是控制材料颗粒形貌的有效方法。添加剂可以在不同晶面上进行选择性的吸附，从而可以控制和改变不同晶面间的生长速率，达到控制晶体形貌的目的。

实验6 化学共沉淀法制备超细 $SrCO_3$ 粉体

一、实验目的

(1)掌握化学共沉淀法制备无机材料粉体的基本原理。
(2)了解超细 $SrCO_3$ 的应用价值。

二、实验原理

$SrCO_3$ 是生产其他锶盐的基本原料，也是最为重要的锶盐之一。采用 $SrCO_3$ 制备的玻璃吸收X射线的能力较强，多用于彩色电视机与显示器阴极射线管的生产。另外，为了达到设备小型化的目的，$SrCO_3$ 还用于电磁铁、锶铁氧体等磁性材料的制备以用于小型电机、磁选机和扬声器中等。$SrCO_3$ 在高档陶瓷的生产中也有重要的应用价值。$SrCO_3$ 还广泛应用于医药、化学试剂、颜料、涂料、电容、电解锌、制糖、烟火和信号弹等行业，是一种非常重要的资源。

本实验采用化学共沉淀法来合成超细 $SrCO_3$ 粉体。它的基本原理是利用沉淀溶解平衡，当离子浓度积大于沉淀溶度积常数时，就会在总溶液体系中进行合成反应，析出沉淀。其化学反应式为：

$$SrCl_2 + Na_2CO_3 \longrightarrow 2NaCl + SrCO_3 \downarrow$$

三、仪器与试剂

仪器：电子天平，恒温磁力搅拌器，红外线干燥箱，过滤装置，光学显微镜，X 射线衍射仪，扫描电子显微镜。

试剂：$SrCl_2 \cdot 6H_2O$，Na_2CO_3，乙二胺四乙酸二钠（EDTA）。

四、实验步骤

1. 超细 $SrCO_3$ 粉体的合成

（1）分别配制 0.5mol/L 的 $SrCl_2$ 溶液和 Na_2CO_3 溶液。

（2）分别取 100mL 的上述 $SrCl_2$ 溶液和 Na_2CO_3 溶液置于 500mL 的烧杯中，按照 EDTA 相对于 $SrCl_2$ 的含量，向 $SrCl_2$ 溶液中添加 20％的 EDTA（质量分数），搅拌均匀，使得 EDTA 完全溶解在溶液中。

（3）室温下，在磁力搅拌的条件下，缓慢向 $SrCl_2$ 溶液中倒入 Na_2CO_3 溶液，反应 10min，生成的白色沉淀即为 $SrCO_3$ 粉体。

（4）将上述白色产品用蒸馏水洗涤 3～5 次，过滤，置于红外线干燥箱中干燥，最后得到 $SrCO_3$ 粉体。

2. 产物表征

（1）在实验过程中（洗涤过滤前），采用光学显微镜对产品进行粗略的形貌观察。

（2）采用 X 射线衍射仪对产品进行物相分析。

（3）采用扫描电子显微镜对产品进行形貌观察。

五、思考题

（1）通过实验总结化学共沉淀法的缺点。

（2）EDTA 是否包覆在颗粒表面，通过什么方法可以进行分析和表征？

实验7　化学共沉淀法制备纳米Fe_3O_4粉体

一、实验目的

(1)掌握化学共沉淀法合成化合物的基本过程和调控手段。

(2)熟悉纳米Fe_3O_4粉体的制备。

二、实验原理

磁性微粒Fe_3O_4原料易得,性质优良,是磁性微粒中应用较为广泛的一种磁性纳米材料,一直是人们研究的热点之一。

磁性微粒Fe_3O_4制备方法多样,主要有微乳液法、溶胶—凝胶法、水热法、化学共沉淀法等。相对来说,化学共沉淀法制备磁性微粒Fe_3O_4具有诸多优势,如可大量制备高分散的Fe_3O_4颗粒,颗粒尺寸分布范围窄、直径小且易于控制,设备要求低,成本低,操作简单,反应时间短,颗粒的表面活性强等,是目前研究和应用较多的方法。

本实验将二价铁(Fe^{2+})盐和三价铁(Fe^{3+})盐按一定比例混合,加入沉淀剂(OH^-),搅拌反应即得超微磁性Fe_3O_4粒子。其化学反应式为:

$$Fe^{2+} + 2Fe^{3+} + 8OH^- \longrightarrow Fe_3O_4 + 4H_2O$$

生成的Fe_3O_4一定要防止被氧化,否则将导致Fe_3O_4的纯度较低。整个制备过程需要在氮气的保护下进行。

三、仪器与试剂

仪器:电子天平,恒温磁力搅拌器,pH计,红外线干燥箱,离心机,X射线衍射仪,扫描电子显微镜。

试剂:$Fe(NO_3)_3 \cdot 9H_2O$,$FeCl_2 \cdot 4H_2O$,NaOH,$AgNO_3$。

四、实验步骤

1. 纳米Fe_3O_4粉体的合成

(1)向烧瓶中加入100mL蒸馏水,通氮气。称取2.99g $FeCl_2 \cdot 4H_2O$加入水中,开动磁力搅拌装置,待溶解后再加入12.12g $Fe(NO_3)_3 \cdot 9H_2O$,溶解完全后,向体系中滴加3mol/L NaOH溶液,用pH计测定溶液pH值,并控制最终pH值为9,观察滴定前后颜色的变化。

在反应过程中，恒温磁力搅拌器始终处于开启状态，反应溶液处于氮气的保护下。

(2)待反应至一定时间后，停止滴定，将产品倒出，用蒸馏水洗涤至用 $AgNO_3$ 检查无 Cl^-。因所制得的产品粒径很小不易沉淀，所以洗涤操作及纳米颗粒的收集都采用离心机处理。

(3)将离心所得的产物置于红外线干燥箱中进行干燥，得到纳米 Fe_3O_4 的团聚体，然后将它在研钵中充分研磨，得到纳米 Fe_3O_4 粉体。

2. 产物表征

(1)采用 X 射线衍射仪对产品进行物相分析。测定条件为入射波长：1.540 6nm；工作电压：35kV；工作电流：60mA。

(2)采用扫描电子显微镜对产品进行形貌观察。

五、思考题

(1)根据 X 射线衍射结果分析产品的粒径及晶胞参数。

(2)试分析反应机理和影响产品性能的因素。

实验 8　化学共沉淀法制备纳米 ZnO 粉体

一、实验目的

(1)掌握化学共沉淀法制备纳米 ZnO 的过程和化学反应原理。

(2)了解反应条件对实验产物形貌的影响。

二、实验原理

制备纳米 ZnO 的方法比较多，主要有气相沉积法、沉淀法、溶胶—凝胶法、固相法等，不同制备工艺所得纳米 ZnO 的形貌是不同的，通常有棒状、片状、球状等，其特性也有所不同，因此应根据不同需求选择相应的制备工艺。

采用化学共沉淀法制备 ZnO 常用的原料是可溶性的锌盐，如 $Zn(NO_3)_2$、$ZnCl_2$、$Zn(Ac)_2$。常用的沉淀剂有 NaOH、氨水、尿素，不同沉淀剂所得产物形貌及粒径差异大。一般情况下，锌盐在碱性条件下只能生成 $Zn(OH)_2$ 沉淀，不能得到 ZnO 晶体，要得到 ZnO 晶体通常需要进行高温煅烧。此外，体系的 pH 值还会影响产物的形貌。

本实验通过 $Zn(NO_3)_2$ 和 NaOH 反应得到 $Zn(OH)_4^{2-}$，再对它进行热分解制备 ZnO 纳米晶体。用 NaOH 作为沉淀剂一步法直接制备纳米 ZnO 的化学反应式为：

$$Zn^{2+} + 2OH^- \longrightarrow Zn(OH)_2 \downarrow$$

$$Zn(OH)_2 + 2OH^- \longrightarrow Zn(OH)_4^{2-}$$

$$Zn(OH)_4^{2-} \longrightarrow ZnO \downarrow + H_2O + 2OH^-$$

该实验方法简单，不需要煅烧处理就可得到 ZnO 晶体，而且可通过调控 Zn^{2+}、OH^- 的摩尔比控制 ZnO 晶体的形貌。

三、仪器与试剂

仪器：恒温磁力搅拌器，离心机，电子天平，烘箱，X 射线衍射仪，扫描电子显微镜。

试剂：$Zn(NO_3)_2 \cdot 6H_2O$，NaOH，C_2H_5OH。

四、实验步骤

1. 纳米 ZnO 粉体的合成

(1)在室温下，称取 1.5g $Zn(NO_3)_2 \cdot 6H_2O$ 加入烧杯中，然后加入 40mL 蒸馏水，搅拌 5min 配成无色澄清的溶液。

(2)在室温下，称取 0.8g NaOH 加入烧杯中，然后加入 40mL 蒸馏水，搅拌 5min 配成无色澄清的溶液。

(3)在室温下，将 $Zn(NO_3)_2$ 溶液快速滴加到 NaOH 溶液中，磁力搅拌得到白色的悬浊液。

(4)将悬浊液转移到 150mL 烧杯中，在 80℃的水中反应 2h。

(5)将白色沉淀物用水和 C_2H_5OH 分别洗涤 3 次，进行离心分离后，放在烘箱中，60℃下干燥 10h 后得到纳米 ZnO 粉体。

2. 产物表征

(1)采用 X 射线衍射仪对产品进行物相分析。

(2)采用扫描电子显微镜对产品进行微观形貌观察。

五、思考题

(1)NaOH 与锌盐的浓度比及反应时间、反应温度对产物有何影响？

(2)为什么实验中反应产物能够直接得到 ZnO 晶体而不是 $Zn(OH)_2$？

第三节　溶胶—凝胶法

溶胶—凝胶法是20世纪60年代发展起来的一种制备玻璃、陶瓷等无机材料的新工艺，近年来溶胶—凝胶法取得了很大进展，人们用此法制备出了许多性能优异的纳米微粒。溶胶—凝胶法是用含高化学活性组分的化合物作为前驱体，在液相下将这些原料均匀混合，并进行水解、缩合反应，在溶液中形成稳定的透明溶胶体系。溶胶经陈化，胶粒间缓慢聚合，形成三维空间网络结构的溶胶，溶胶网络间充满了失去流动性的溶剂，形成凝胶。凝胶经过干燥、烧结固化除去水分，制备出分子乃至纳米亚结构的材料。

与其他合成方法相比，溶胶—凝胶法具有以下优点：①由于溶胶—凝胶法中所用的原料被分散到溶剂中而形成低黏度的溶液，因此可以在很短的时间内获得分子水平的均匀性，在形成凝胶时，反应物之间很可能是在分子水平上被均匀混合；②由于经过溶液反应步骤，可较易均匀定量地掺入一些微量元素，实现分子水平上的均匀掺杂；③与固相反应相比，反应更容易进行，而且仅需要较低的合成温度；④选择合适的条件可以制备各种新型材料。

应该注意到，溶胶—凝胶法也存在一些问题：首先是目前所使用的原料价格比较昂贵，有些原料为有机物，对健康有害；其次是通常整个溶胶—凝胶过程所需时间较长，常需要几天或者几周；最后是凝胶中存在大量的微孔，在干燥过程中又会逸出许多气体及有机物，并产生收缩。

实验9　溶胶—凝胶法合成纳米TiO_2

一、实验目的

(1)掌握溶胶—凝胶法的基本原理。

(2)了解纳米TiO_2的制备方法。

二、实验原理

纳米TiO_2是一种N型半导体材料，其晶型有两种：金红石型和锐钛矿型。由于纳米TiO_2呈现出许多特有的物理、化学性质，如具有杀菌消毒、抗紫外线、光催化、防雾及自清洁等功能，在涂料、造纸、陶瓷、化妆品、工业催化剂、抗菌剂、环境保护等行业具有广阔的应用前景。

目前，纳米TiO_2已成为光催化领域的研究热点。在光照作用下，纳米TiO_2可以把许多有机污染物光解成二氧化碳、水等其他无二次污染的物质，使得纳米TiO_2在环境领域发挥了重要的作用。它的优势在于不会产生二次污染物，并且充分地利用了太阳光能作为能源，成本很低。

纳米 TiO_2 的制备方法可归纳为物理方法和化学方法。物理方法主要有机械粉碎法、惰性气体冷凝法、真空蒸发法、溅射法等，成本高，无法规模化生产。目前，纳米 TiO_2 工业化生产中，最常用的还是化学方法。化学方法相对成本低且对设备要求不高，更易于工业化生产，更重要的是化学方法可根据需要调控纳米 TiO_2 颗粒形貌、结晶度和粒径大小。化学方法又可大致分为气相法、液相法和固相法，其中气相法是大规模生产中最有前景的方法。

本实验采用溶胶—凝胶法合成纳米 TiO_2。

三、仪器与试剂

仪器：恒温磁力搅拌器，真空干燥箱，电子天平，管式气氛炉，激光粒度分布仪，红外光谱仪。

试剂：钛酸丁酯，无水乙醇，95%乙醇，冰醋酸。

四、实验步骤

1. 纳米 TiO_2 的合成

(1)取 10mL 钛酸丁酯加入到盛有 20mL 无水乙醇的分液漏斗中混匀，得到溶液 A。

(2)另取 5mL 冰醋酸和 20mL 95%乙醇混匀得到溶液 B。

(3)将 A 溶液逐滴加入到 B 溶液中，并用恒温磁力搅拌器强力搅拌，得到透明的胶体。

(4)在室温下老化 2d，得到凝胶，再在烘箱中于 110～120℃进行干燥，得到干凝胶。

(5)将干凝胶研磨成粉，再在 500℃下煅烧，得到目标产物纳米 TiO_2。

2. 产物表征

(1)采用激光粒度分布仪测定 TiO_2 微粒的粒径及粒度分布。

(2)采用红外光谱仪在 400～4000cm^{-1} 分析样品的红外光谱图。

五、思考题

(1)写出各阶段的反应方程式。

(2)总结纳米 TiO_2 制备方法的优缺点。

实验10 溶胶—凝胶法制备纳米SiO_2粉体

一、实验目的

(1)了解正硅酸乙酯(TEOS)发生水解反应的基本过程。

(2)了解影响TEOS水解的因素。

二、实验原理

纳米SiO_2,俗称"白炭黑",具有粒径小、比表面积大、表面能大、吸附能力强、纯度高、稳定性高、补强性、增稠性和触变性等优异性能。同时它在光吸收、磁性、热阻、催化性和熔点等方面也表现出独特的性能,可作为添加剂、催化剂载体、石油化工助剂、脱色剂、消光剂、橡胶补强剂、塑料充填剂、油墨增稠剂、金属软性磨光剂、绝缘绝热填充剂、高级日用化妆品填料以及喷涂材料等。

采用溶胶—凝胶法制备纳米SiO_2常用的原料为正硅酸乙酯,又称硅酸四乙酯或四乙氧基硅烷,常温下为无色液体,稍有气味,微溶于水,可溶于乙醇、乙醚,密度为0.93g/cm^3。其熔点、沸点分别为-77℃、165.5℃,结构式:

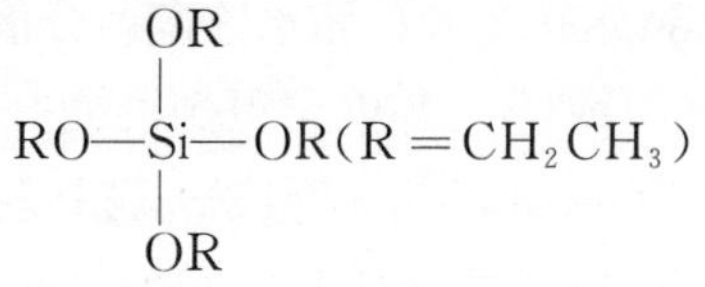

$$\begin{array}{c} OR \\ | \\ RO—Si—OR(R=CH_2CH_3) \\ | \\ OR \end{array}$$

TEOS的水解,总反应式可表示为:

$$Si(OCH_2CH_3)_4 + 2H_2O \longrightarrow SiO_2 + 4C_2H_5OH$$

研究表明,TEOS的水解缩聚反应可分为三步。

第一步是TEOS水解形成单硅酸和醇。

$$Si(OC_2H_5)_4 + H_2O \longrightarrow Si(OH)_4 + C_2H_5OH$$

第二步是第一步反应生成的硅酸之间或者硅酸与TEOS之间发生缩合反应,此时Si—O—Si键开始形成。由于二者除生成聚合度较高的硅酸外,还分别生成水或醇,因此又分别称为脱水缩合或脱醇缩合。

脱水缩合:

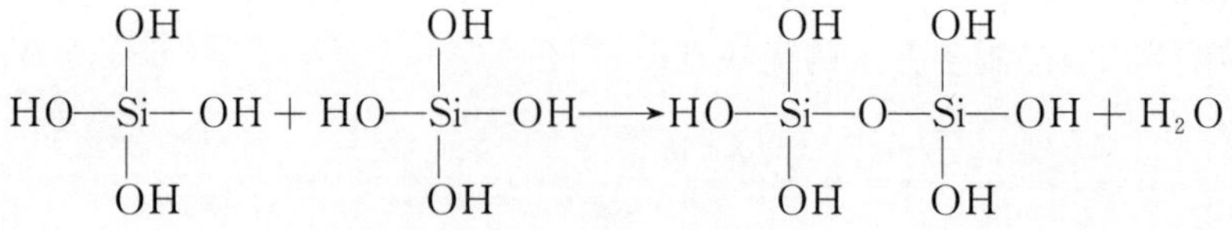

$$\begin{array}{ccccc} OH & & OH & & OH \quad\quad OH \\ | & & | & & | \quad\quad\quad | \\ HO—Si—OH & + & HO—Si—OH & \longrightarrow & HO—Si—O—Si—OH + H_2O \\ | & & | & & | \quad\quad\quad | \\ OH & & OH & & OH \quad\quad OH \end{array}$$

脱醇缩合：

$$HO-\underset{OH}{\overset{OH}{|}}{Si}-OH + C_2H_5O-\underset{OC_2H_5}{\overset{OC_2H_5}{|}}{Si}-OC_2H_5 \longrightarrow HO-\underset{OH}{\overset{OH}{|}}{Si}-O-\underset{OH}{\overset{OH}{|}}{Si}-OH + C_2H_5OH$$

第三步是由此前形成的低聚物进一步聚合，形成长链的三维空间扩展的骨架结构，因此称为聚合反应。

$$n(Si-O-Si) \longrightarrow (-Si-O-Si-)n$$

从以上4个反应方程式可以看出，第一步的水解反应对TEOS与水的反应全过程有重要影响，因为水解反应的生成物是第二步反应的反应物，而且缩聚反应常在水解反应未完全完成之前就已经开始了。当水解和缩合反应发生后，反应体系中出现微小的、分散的胶体粒子，该化合物被称为溶胶。而第三步聚合反应时，这些胶体粒子通过范德华力、氢键或化学键力相互连结而形成一种空间开放的骨架结构，因而被称为凝胶。鉴于此，在微观—亚微观—宏观的尺度上可将上述TEOS转变为凝胶的过程概括为单体聚合成核、颗粒生长和粒子链接3个阶段。

研究表明，增加水、TEOS之比（简称水硅比）可以促进水解，但同时水还会稀释生成的单硅酸的浓度。水硅比过大会导致已形成的硅氧键重新水解，二者共同作用的结果是凝胶化时间的延长；相反水硅比较低时，聚合速率则较快。从化学反应平衡的角度可以看出，当水硅比小于或等于2时，TEOS相对较多，发生脱醇缩合反应；当水硅比大于2时，水解反应较快，产生较多的单硅酸和乙醇，前者发生脱水缩合反应。

另外，由于TEOS微溶于水，二者在常温条件下的反应非常慢。要使反应顺利进行则需加入助溶剂或酸、碱催化剂，或采用提高反应温度或超声等强化TEOS与水反应的方法。

三、仪器与试剂

仪器：恒温水浴锅，坩埚炉，高能球磨机，激光粒度分布仪，X射线衍射仪，扫描电子显微镜。

试剂：TEOS，无水乙醇，盐酸。

四、实验步骤

1. 纳米 SiO_2 的制备

（1）在30℃下将10mL TEOS、40mL水、10mL盐酸、40mL无水乙醇加入到200mL烧杯中，并不断搅拌，观察凝胶时间。

（2）凝胶陈化一定时间后放入坩埚炉内，程序升温（10℃/min），于400℃保温1h后，冷却，再用高能球磨机进行研磨，即得 SiO_2 粉体。

2. 产物表征

(1)采用激光粒度分布仪测定 SiO_2 微粒的粒径及粒度分布。
(2)采用X射线衍射仪和扫描电子显微镜进行物相和微观形貌分析。

五、思考题

(1)解释无水乙醇在整个反应过程中的作用。
(2)解释盐酸在整个反应过程中的作用。

实验11 溶胶法制备铈掺杂纳米 TiO_2

一、实验目的

(1)了解铈掺杂纳米 TiO_2 的制备工艺。
(2)了解纳米 TiO_2 掺杂铈后光催化性能的改变。

二、实验原理

溶胶是具有液体特征的胶体体系，分散的粒子是固体或者大分子，分散的粒子大小为1～100nm。溶胶法可分为两类：①非水解法，通常是钛卤化物或者钛醇盐通过缩聚反应形成Ti—O—Ti；②水解法，一般是通过控制pH值、水量等条件，使钛卤化物或钛醇盐水解得到Ti—O—Ti。

钛酸丁酯，化学式为 $C_{16}H_{36}O_4Ti$，含有活泼的丁氧基，可与水发生强烈的水解反应，水解产物经过缩聚反应形成[TiO_6]八面体。当八面体的界面上有晶核形成时，通过原子扩散作用可生成有序的 TiO_2 晶体结构。如果在制备过程中加入过量的水，则可使钛盐充分水解，最终得到由Ti—O—Ti、Ti—OH_2—Ti或Ti—OH—Ti组成的水解产物。

纳米 TiO_2 光催化剂是一种N型半导体，禁带相对较宽，带隙能3.2eV，受到光辐射时，主要吸收短波长的紫外光，对长波方向的可见光吸收很少，并且受辐射时产生的光生电子空穴对易于发生复合，光量子效率偏低，影响大规模工业应用。将 TiO_2 进行掺杂或表面修饰等改性，可以将光生电子空穴对的复合率大大降低，并能将 TiO_2 的光吸收范围扩大至可见光区，提高其光催化效率。本实验采用溶胶法制备铈掺杂纳米 TiO_2。

三、仪器与试剂

仪器：电子天平，磁力搅拌器，红外线干燥箱，X射线衍射仪，扫描电子显微镜，紫外-可见分光光度计。

试剂:钛酸丁酯,无水乙醇,硝酸铈[$Ce(NO_3)_3 \cdot 6H_2O$],硝酸,甲基橙。

四、实验步骤

1. 铈掺杂纳米 TiO_2 的溶胶法制备

(1)将 0.24g 硝酸铈溶于 31mL 的无水乙醇中,再加入 20mL 的钛酸丁酯,形成均匀的溶液。

(2)将 212mL 水与 31mL 无水乙醇混合,用硝酸将溶液的 pH 值调节为 1。

(3)将步骤(1)中溶液逐滴加入到步骤(2)溶液中,滴加完成后,陈化 72h,最终得到铈掺杂 TiO_2 溶胶。

(4)将制备得到的溶胶转移到表面皿中,然后在红外线干燥箱中干燥,再通过研磨得到粉末。

2. 产物表征

(1)采用 X 射线衍射仪获得 X 射线衍射图,分析所制备的铈掺杂纳米 TiO_2 的物相。

(2)采用扫描电子显微镜对产品进行微观形貌分析,观察其微观结构、颗粒形貌、粒度等。

3. 光催化性能测试

在室温条件下,将 0.2g 粉体加入到 120mL 浓度为 50mg/L 的甲基橙溶液中,暗环境中超声 20min,然后在可见光下照射 60min,取试液经 4000r/min 的离心机分离 5min,再用砂漏斗进行过滤。用紫外-可见分光光度计分别测定 50mg/L 的甲基橙溶液和降解后的甲基橙溶液的吸光度。

五、思考题

(1)光催化性能的表征方法有哪些?

(2)铈掺杂纳米 TiO_2 的光催化机理是什么?

实验 12 溶胶—凝胶法制备 SiC 超细粉体

一、实验目的

(1)熟悉溶胶—凝胶法制备 SiC 超细粉体的原理。

(2)了解 SiC 超细粉体的制备方法和应用。

二、实验原理

近年来,随着 SiC 超细粉体制造技术的不断进步,其性能不断提高,应用范围也越来越广。目前,SiC 超细粉体以其优异的抗热震、耐高温高压、耐磨损、耐热冲击、高热导、高硬度、介电常数低、抗辐射能力强、抗氧化和耐化学腐蚀以及热稳定性好等特性,被广泛应用于石油、化工、机械、微电子、汽车、航空、航天、钢铁、造纸、激光、热交换器、核能等工业领域。

当前国内外制备 SiC 超细粉体的方法有很多,如激光诱导化学气相沉积法、等离子体法、高能球磨法等。但这些方法或需要专门的设备,或工艺复杂,导致制造成本较高,无法适应工业化生产。采用溶胶—凝胶法制备 SiC 超细粉体的前驱体,具有化学均匀性好、纯度高、颗粒细、可容纳不溶性组分或不沉淀组分、烧结温度低等优点。而且利用高温碳热还原法制备 SiC 超细粉体,是一个较为简便的方法。因此,本实验以工业上简单易得的 TEOS 和活性炭为原材料,采用溶胶—凝胶法以水和无水乙醇为介质制备 SiC 超细粉体的前驱体,再利用高温碳热还原法合成 SiC 超细粉体。

三、仪器与试剂

仪器:电子天平,恒温磁力搅拌器,恒温干燥箱,管式气氛炉,热分析仪,X 射线衍射仪,扫描电子显微镜。

试剂:TEOS,氨水,无水乙醇,活性炭(粒度 300～600nm),氢氟酸。

四、实验步骤

1. SiC 超细粉体的溶胶—凝胶法制备

(1)在 200mL 烧杯中将 6g 活性炭加入到 50mL 水和 50mL 无水乙醇的混合溶液中,然后加入 5mL 氨水,充分搅拌混合后以 1mL/min 的速度滴入 37mL TEOS。

(2)室温下陈化 1d 至出现胶体状态;再将凝胶经离心、过滤、洗涤多次后,在 80℃恒温干燥箱内干燥,得到前驱体。

(3)取上述样品粉末于管式气氛炉中,以 5℃/min 的升温速度,在氩气保护下,于 1500℃下进行合成,保温 70min,得到 SiC 粗品。

(4)将粗品在 700℃空气中保温 40min 以去除残余的碳,然后用 40%氢氟酸(质量分数)洗去未反应的 SiO_2,即得目标产物 SiC。

2. 产物表征

(1)前躯体的热分解过程用热分析仪进行表征。

(2)采用 X 射线衍射仪获得 X 射线衍射图,分析 SiC 超细粉体的物相组成。
(3)采用扫描电子显微镜观察样品的表面形貌、颗粒大小及分布等。

五、思考题

(1)写出各阶段的反应方程式。
(2)计算反应的理论失重量。

实验 13　溶胶—凝胶法合成锂离子电池正极材料 $LiMn_2O_4$

一、实验目的

(1)了解溶胶—凝胶法制备 $LiMn_2O_4$ 的原理。
(2)了解 $LiMn_2O_4$ 的应用。

二、实验原理

相比镍氢、镍镉、铅酸电池,锂离子电池具有高的体积能量密度和质量能量密度、工作电压高、无记忆效应、循环寿命长等优点。锂离子电池正极材料主要有 $LiCoO_2$、$LiNiO_2$、$LiMn_2O_4$(尖晶石型)和 $LiFePO_4$,其中 $LiMn_2O_4$ 由于锰资源丰富,价格低廉,合成工艺简单,对环境友好且所具有的独特三维隧道结构有利于锂离子的嵌入与脱出,而得到广泛应用。虽然 $LiMn_2O_4$ 的理论容量只有 148mAh/g,但是它的可利用率却很高,能达到 120mAh/g,所以 $LiMn_2O_4$ 已成为极具发展前途的锂离子电池正极材料。

然而,$LiMn_2O_4$ 循环过程中的巨大容量衰减却阻止了它的商业应用。目前的研究认为影响它循环性能的主要因素有以下 3 个:①John—Teller 歧化效应导致的晶相由立方晶相向四方晶相转变;②锰离子在电解质中的溶解歧化反应;③有机电解质的分解。通过掺杂金属阳离子、表面包覆金属氧化物和碳包覆以及改进合成方法可以有效控制其显微结构,从而改善其电化学循环性能。传统固相法合成的 $LiMn_2O_4$ 粉体颗粒大,且物料不能混合均匀,从而会导致其电化学循环性能差。因此,各种低温的液相法被相继采用。

$LiMn_2O_4$ 常用的合成方法有高温固相法、溶胶—凝胶法、化学共沉淀法、熔盐燃烧法、水热法等。本实验采用溶胶—凝胶法,利用 EDTA 制备的锂离子电池正极材料 $LiMn_2O_4$ 超细粉体具有很好的电化学性能。

三、仪器与试剂

仪器:电子天平,恒温磁力搅拌器,真空干燥箱,管式气氛炉,热重分析仪,X 射线衍射仪。

试剂:醋酸锰,醋酸锂,EDTA,柠檬酸(CA),氨水。

四、实验步骤

1. $LiMn_2O_4$ 超细粉体的制备

(1)称取 0.2mol 醋酸锰、0.1mol 醋酸锂,加 50mL 水溶解;称取 0.1mol 的 EDTA 和 0.15mol CA 加入到上述溶液中,用氨水调节溶液 pH 值使溶液澄清,搅拌反应 1.5h。

(2)混合溶液体系在 80℃下搅拌蒸发得到胶体,所得凝胶在 120℃条件下干燥,得到前驱体。

(3)前驱体在 700℃煅烧 6h,即得目标产物 $LiMn_2O_4$。

2. 产物表征

(1)采用热重分析仪观察前躯体在升温过程中的变化。

(2)采用 X 射线衍射仪表征产物的物相。

五、思考题

(1)如何通过分析前驱体的热重分析曲线来确定合成纯相的最佳煅烧温度。

(2)查阅文献、资料,了解锂离子电池正极材料的种类和制备方法。

第四节 水热/溶剂热法

水热法是指在高温、高压下,在超临界或亚临界水溶液中,通过溶液中的化学反应来制备各种功能材料的方法。在水热合成技术中,液态或气态水是传递压力的媒介,这种合成方法通常需要在一定温度(100~1000℃)和压力(10~100MPa)条件下,通过溶液中物质的化学反应来完成。因此,水热法合成对设备的要求高,目前通常所用的设备是反应釜。高温高压下水热反应具有 3 个特征:①使离子间的反应加速;②可提高物质的反应活性,使水解反应加速;③使其氧化还原电势发生明显变化。在高温高压水热体系中,水的性质将发生下列变化:①蒸气压变高;②密度变低;③表面张力变低;④黏度变低;⑤离子积变高。

水热反应一般需要矿化剂参与。矿化剂通常是一类在水中的溶解度随温度的升高而持续增大的化合物,如一些低熔点的盐、酸或碱。加入矿化剂后,可起到增大反应物的溶解度、参与结构重排和加速化学反应的作用。

与其他方法相比,水热法具有如下优点:①可获得具有低维度和低对称性的开放结构物相；②由于在水热条件下特殊中间态以及特殊相易于生成，因此能合成出具有特殊结构或特种凝聚态的新化合物；③可以合成亚稳相和低温相；④水热的低温、等压、溶剂条件下，有利于生长具有平衡缺陷浓度、取向好、结晶完美的晶体材料，且合成产物纯度高；⑤调节水热条件的环境气氛，有利于合成各种低、中间以及特殊价态的化合物，便于均匀掺杂。

水热反应中，纳米粉体的形成经历了一个溶解—结晶过程。所制得的纳米粉体结晶性好、粒度细小、粒径分布窄、团聚程度轻、不需要高温煅烧处理，避免了此过程中晶粒长大、缺陷形成和杂质的引入，使所得产物保持了较高的烧结活性。由于水热法在制备纳米粉体时具有上述优点，近年来利用该方法制备的纳米粉体被广泛应用于磁性材料、催化剂材料、光学材料、电子材料、离子传输材料、高纯陶瓷材料、建筑材料、研磨材料、医药、颜料、切削工具等领域。

溶剂热法与水热法的不同在于前者的反应介质多为有机溶剂。由于有机溶剂种类繁多，性质差异很大，为合成提供了更多的选择机会。在溶剂热合成中，选择合适的溶剂，可以制得表面羟基很少甚至没有表面羟基的纳米粉体，这将有助于这些纳米粉体的实际应用。同时，由于有机溶剂的极性弱，许多无机离子很难溶解在其中，这样有利于保证产物的高纯度。溶剂热反应中常用的溶剂有乙二胺、甲醇、乙醇、二乙胺、三乙胺(Et_3N)、吡啶、苯、甲苯、二甲苯、1,2-二甲基乙烷、苯酚、甲酸等。在溶剂热反应过程中，溶剂作为一种化学组分参与反应，既是溶剂，又是矿化剂，同时还是压力传递媒介。

实验 14　介孔分子筛 SBA-15 的合成

一、实验目的

(1)了解介孔材料的概念及合成原理。

(2)掌握合成纳米介孔材料的方法。

二、实验原理

根据国际纯粹与应用化学联合会(IUPAC)的规定，介孔材料是指孔径介于 2～50nm 之间的一类多孔材料。介孔材料具有极高的比表面积、规则有序的孔道结构、狭窄的孔径分布、孔径大小连续可调等特点。在很多微孔材料上难以完成的大分子吸附等催化反应，在介孔材料中可顺利进行，有序的介孔孔道也可以作为微型反应器。所以，介孔材料在吸附、分离尤其是在催化反应领域得到了广泛的应用。

SBA-15 属于介孔分子筛的一种，它的合成是近年来兴起的一项重要化工技术，作为催化剂支撑体的介孔硅分子筛，在催化、分离、生物及纳米材料等领域有广泛的应用前景。因它具有较厚的孔壁、可调节的孔径和水热稳定性高等优势，为催化、吸附分离及高等无机材料等学科开拓了新的研究领域，近年来受到研究者的广泛关注。

SBA－15具有二维直孔道、六方晶系，其结构示意图和侧面视角的透射电镜图如图14所示。SBA－15典型的合成方法为水热法：以三嵌段表面活性剂 $PEO_{20}-PPO_{70}-PEO_{20}$（P123）为模板剂，TEOS提供硅源，在强酸条件下合成。

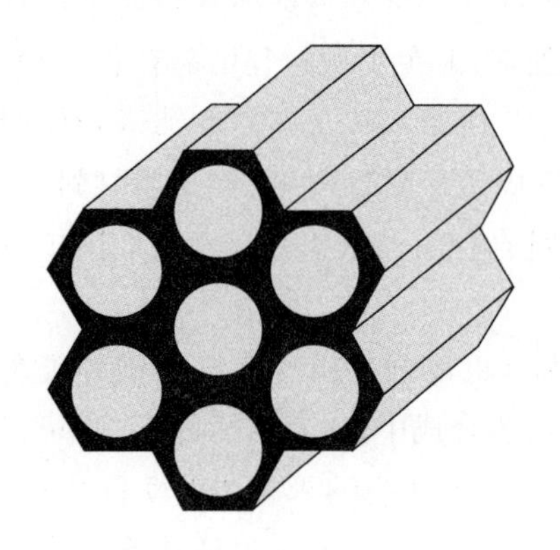

（a）结构示意图　　（b）侧面视角的透射电镜图

图14　SBA－15介孔分子筛结构示意图和侧面视角的透射电镜图

介孔分子筛SBA－15的合成机理符合协同作用机理：用中性表面活性剂P123和中性无机硅物种通过氢键键合形成六方排列的胶束杆，不存在强的静电作用，并随着硅烷醇的进一步水解、缩合，导致短程六边形胶粒的堆积，最后形成六方有序结构的骨架。

三、仪器与试剂

仪器：电子天平，恒温磁力搅拌器，鼓风干燥箱，水热反应釜，马弗炉，扫描电子显微镜，比表面积测定仪。

试剂：TEOS，表面活性剂P123（聚氧丙烯聚氧乙烯共聚物），盐酸。

四、实验步骤

1. 介孔分子筛SBA－15的水热法制备

（1）取4.0g P123加入到含有130g蒸馏水和20mL浓盐酸（12mol/L）的混合液中，在40℃下充分搅拌4h左右，至P123完全溶解，得到澄清的溶液。

（2）向上述溶液中缓慢滴加8.8mL TEOS，继续搅拌24h。

（3）将所得的白色溶胶倒入水热反应釜中，在110℃水热晶化24h。

（4）将白色产物取出后冷却、过滤，洗涤至中性，在鼓风干燥箱中干燥10h。

(5)干燥产物用马弗炉在550℃下煅烧6h,即得介孔分子筛SBA-15。

2. 产物表征

(1)用比表面积测定仪测定产品的比表面积。
(2)采用扫描电子显微镜观察产物的微观结构。

五、思考题

(1)查阅文献、资料,了解介孔分子筛SBA-15的合成方法,并比较其优缺点。
(2)查阅文献、资料,了解介孔分子筛SBA-15的应用。

实验15　MCM-41分子筛的合成

一、实验目的

(1)了解MCM-41分子筛的合成原理。
(2)了解MCM-41分子筛的应用。

二、实验原理

近年来,MCM-41分子筛由于结构和性能的优越性,在环境保护、物理分离、化学催化及合成等领域应用广泛。典型的合成方法主要有碱性水热晶化法、酸性室温合成法、中性模板法、微波合成法、高温焙烧法、干粉合成法等。

自以MCM-41为代表的介孔材料首次被报道后,人们对这种有机—无机离子在分子水平上的组装结合方式产生了浓厚的兴趣,并提出了众多的模型来解释介孔分子筛的合成机理。虽然在介孔分子筛的合成以及相应机理的解释上仍存在某些差异,但介孔分子筛的合成过程均需使用具有自组装能力、体积较大的表面活性剂分子形成的胶团作为模板,介孔分子筛结构的形成过程都经历了模板剂胶束作用下的超分子组装过程。

本实验以十六烷基三甲基溴化铵(CTAB)为模板剂,通过水热法在碱性条件下合成MCM-41分子筛。

三、仪器与试剂

仪器:电子天平,干燥箱,抽滤装置,恒温磁力搅拌器,高压反应釜,马弗炉,热重-差热分析仪,红外光谱仪,自动物理吸附仪。

试剂:CTAB,TEOS,氢氧化钠。

四、实验步骤

1. MCM－41 分子筛的水热法制备

(1)称取 1.510g CTAB,在 30℃温度下加入到 50mL 去离子水中溶解;磁力搅拌至完全溶解,再搅拌约 10min,然后将其冷却至室温备用。

(2)称取 0.399 9g NaOH,以 20mL 去离子水溶解后,加入步骤(1)的 CTAB 溶液,保持磁力搅拌,使其充分混合,然后加入 30mL 去离子水。

(3)用移液管量取 8.75mL TEOS,在剧烈搅拌下逐滴缓慢加入上述混合液中,室温下磁力搅拌 2h,保持 40r/min。

(4)搅拌均匀后,停止搅拌;在室温下静置陈化 0.5h,将溶胶转入带聚四氟乙烯内衬的高压反应釜中,于 150℃下晶化 48h。

(5)将晶化产物过滤、洗涤、干燥。

(6)将烘干的 MCM－41 原粉置于马弗炉中,在 550℃下煅烧 6h,冷却即得 MCM－41 分子筛。

2. 产物表征

(1)热重-差热分析:分子筛的热稳定性用热重-差热分析仪测试。升温范围为 20～800℃,升温速度为 20℃/min。根据热重曲线可以确定模板剂的分解温度以及模板剂在样品中的含量。

(2)红外光谱分析:在波数范围为 400～3000cm^{-1},分辨率为 4cm^{-1} 条件下进行波谱分析。

(3)等温吸附分析:用自动物理吸附仪通过 77K 氮气等温吸附的方法,利用 BET 氮吸附测定样品的比表面积,利用静态容量法测定孔体积和孔径分布。

五、思考题

(1)在合成过程中,CTAB 起什么作用?

(2)查阅文献、资料,了解 MCM－41 分子筛的应用。

实验 16　水热法制备纳米 SnO_2

一、实验目的

(1)了解水热法制备纳米 SnO_2 的方法。

(2)了解水热法制备纳米 SnO_2 的原理。

二、实验原理

SnO_2 是一种宽禁带的 N 型半导体材料，其禁带宽度为 3.50eV，本征电阻率高达 $10^8\Omega \cdot cm$ 数量级。与其他宽带隙半导体材料相比，SnO_2 具有更高的激子束缚能(室温下为 130meV)，表现出特殊的光学、电学、催化等性能。SnO_2 是重要的电子材料、陶瓷材料和化工材料。在电工、电子材料工业中，SnO_2 及其掺杂物可用于导电材料、荧光灯、电极材料、敏感材料、热反射镜、光电子器件和薄膜电阻器等领域；在陶瓷工业中，SnO_2 用作釉料及搪瓷的乳浊剂，由于它难溶于玻璃及釉料，还可用作颜料的载体；在化学工业中，主要是作为催化剂和化工原料。SnO_2 是目前最常见的气敏半导体材料，它对许多可燃性气体，如氢气、一氧化碳、甲烷、乙醇或芳香族气体都有相当高的灵敏度。SnO_2 纳米材料的应用具有广阔的前景，因此制备适合不同领域的纳米 SnO_2 已成为人们研究的热点。

纳米 SnO_2 的制备方法有气相法、液相法和固相法。液相法又包括沉淀法、微乳液法、溶胶—凝胶法和水热法。其中，水热法制备纳米 SnO_2 有很多优点，如产物直接为晶体，无需经过焙烧净化过程，因而可以避免其他方法难以避免的颗粒团聚问题，同时产物粒度比较均匀，形态比较规则。因此，水热法是制备纳米 SnO_2 的较好方法之一。

水热法制备纳米 SnO_2 的反应机理如下。

$SnCl_4$ 的水解：

$$SnCl_4 + 4H_2O \rightleftharpoons Sn(OH)_4 \downarrow + 4HCl$$

水解后形成无定形 $Sn(OH)_4$ 沉淀，紧接着发生 $Sn(OH)_4$ 的脱水缩合和晶化作用，形成纳米 SnO_2 微晶。其化学反应式为：

$$n Sn(OH)_4 \longrightarrow n SnO_2 + 2n H_2O$$

三、仪器与试剂

仪器：电子天平，不锈钢压力釜(聚四氟乙烯内衬)，干燥箱，磁力搅拌器，酸度计，透射电子显微镜。

试剂：$SnCl_4 \cdot 5H_2O$，KOH，CH_3CO_2H，$CH_3CO_2NH_4$，CH_3CH_2OH，HCl。

四、实验步骤

1. 反应液的配制

在100mL烧杯中用去离子水配制25mL 1mol/L的$SnCl_4$溶液，在磁力搅拌下逐滴加入10mol/L的KOH溶液，调节反应液的pH值为1.45，配制好的原料液待用。

乙酸—乙酸铵缓冲溶液：量取10mL乙酸加入到90mL水中，再加入1g乙酸铵，混合均匀。

2. 水热反应

把配制好的原料液倒入具有聚四氟乙烯内衬的不锈钢压力釜内，采用管式电炉套加热压力釜，用控温装置控制压力釜的温度，在水热反应所要求的温度(140℃)下反应一段时间(约2h)。反应结束后，停止加热，待不锈钢压力釜冷却至室温时，开启不锈钢压力釜，取出反应产物。

3. 反应产物的后处理

将反应产物静置沉降，移去上层清液后，每次用20mL乙酸—乙酸铵缓冲溶液洗涤沉淀物，洗涤4～5次，洗去沉淀物中的Cl^-和K^+。最后用95%的乙醇洗涤两次，在80℃干燥后研细。

4. 产物表征

透射电子显微镜图谱分析。

五、思考题

(1)水热法作为一种非常规无机合成方法具有哪些优点？

(2)查阅文献、资料，了解在用水热法制备纳米氧化物的过程中，哪些因素会影响产物的粒子大小和粒度分布。

实验 17　纳米 TiO_2 微球的溶剂热合成及光催化性能

一、实验目的

(1)了解溶剂热法的合成原理与反应釜的操作方法。
(2)掌握溶剂热法制备纳米 TiO_2 的化学反应原理。
(3)了解纳米光催化技术的基础知识和发展趋势。

二、实验原理

工业上最早利用硫酸法制备纳米 TiO_2，但废气和废酸等公害处理开支巨大，因此美国杜邦公司开发了氯化法。实验室中常用化学法制备纳米 TiO_2 粉末，根据反应体系的形态，制备纳米 TiO_2 的方法有固相法、气相法和液相法，具体见表 6。其中，溶剂(水)热法制备纳米氧化物微粉有许多优点，如产物直接为晶态，无需焙烧晶化过程，可避免颗粒团聚，同时粒度比较均匀，形态比较规则等。

表 6　制备微米及纳米 TiO_2 粉末的主要方法

制备方法	前驱体	特征	相组成
沉淀法	钛酸乙酯	尺寸小，均匀分布	无定形
	钛酸异丙酯	沉淀—解胶	锐钛矿＋无定形
	$TiCl_4$	尺寸小，高比表面积	锐钛矿＋无定形
	$(NH_4)_2TiF_6$	低温下制备氧化钛膜	锐钛矿
水解法	钛酸乙酯	单分散	无定形
	$TiOSO_4$	600～1000℃煅烧，结晶薄膜	600℃锐钛矿
溶胶—凝胶法	$TiCl_4$，钛酸异丙酯	醇解	混晶相
	钛酸异丙酯	用羟丙基纤维素稳定	不同文献报道结果不同
氧化—还原法	$Ti+H_2O_2$	200℃煅烧	无定形
溶剂(水)热法	钛酸丁酯 $TiCl_4$ 钛酸异丙酯 钛酸乙酯	解胶后经水热处理，得到 25～50nm 氧化钛纳米晶	锐钛矿与金红石相共存

另外，用钛的醇盐作为前驱体制备纳米 TiO_2 能避免用钛盐作为前驱体盐中的阴离子残留，此时制备的纳米 TiO_2 作光催化剂，往往能得到更优的催化性能。故本实验以钛酸四丁酯和醇为原料，用溶剂热法制备锐钛矿型纳米 TiO_2。

光催化技术是目前科学研究的热点之一，其应用范围十分广泛，可用于污水处理、空气净化、太阳能利用、抗菌、玻璃材料的防雾和自清洁功能等。

光催化是一个在光辐照下发生在材料表面的催化过程。用作光催化剂的 TiO_2 主要有两种晶型——锐钛矿型和金红石型，其中锐钛矿型 TiO_2 的禁带宽度约为 3.26eV。当受到能量大于或等于其能隙的入射光照射时，价带上的电子会吸收光子而被激发，从价带跃迁到导带，留下空穴在价带，从而形成所谓电子(e^-)—空穴(h^+)对，即光生载流子。电子和空穴可以和溶解氧及水相互作用，最终产生高活性的羟基自由基 OH·、超氧自由基 O_2^-·等。由于自由基具有强氧化性，其能有效地降解有机污染物。

$$TiO_2 + hv \longrightarrow TiO_2(h^+ + e^-)$$

$$h^+ + OH^- \longrightarrow OH\cdot$$

$$h^+ + H_2O \longrightarrow OH\cdot + H^+$$

$$e^- + O_2 \longrightarrow O_2^-\cdot$$

TiO_2 因其低成本、高活性、高稳定性及环境友好等优点而被广泛地应用于光降解有机污染物。利用 TiO_2 作为光催化剂进行废水的净化光催化反应，属于异相光催化，反应多数发生在催化剂表面上。因此，TiO_2 的表面性质和结构对反应有重要影响。TiO_2 能吸收多种无机分子(如 CO、SO_2、NO_x、NH_3 等)和有机分子(如甲醛、苯酚、氯代烃等)，表面缺陷越多的 TiO_2 越容易吸附气体分子。

纳米颗粒与微米颗粒相比，具有量子尺寸效应、表面—界面效应等独特的性质。因此，将 TiO_2 制成纳米尺度的颗粒或颗粒薄膜，对紫外光的吸收也蓝移，禁带宽度增加，其量子产率和光催化反应的效应均会得到明显的提高。

本实验以自制纳米 TiO_2 对甲基橙分解速率来评价其催化活性。

三、仪器与试剂

仪器：电子天平，高压反应釜(聚四氟乙烯内衬)，高速离心机，烘箱，X 射线衍射仪，透射电子显微镜，光化学反应器，超声清洗器，紫外-可见分光光度计。

试剂：钛酸四丁酯，醋酸，无水乙醇，甲基橙。

四、实验步骤

1. 纳米 TiO_2 的制备

(1)取 30mL 蒸馏水置于 100mL 烧杯中，滴加 2～4mL 醋酸，取 20mL 无水乙醇和

10mL 钛酸四丁酯置于另一个 50mL 烧杯中。

(2)将钛酸四丁酯的乙醇溶液全部慢慢滴加入醋酸水溶液中，并不断搅拌。

(3)将混合后的溶液倒入聚四氟乙烯内衬的反应釜中并补加无水乙醇至反应釜 2/3 处，装好反应釜，将其放于均相反应器中，在 170℃、10r/min 条件下反应 2.5h。

(4)反应完毕后，让反应釜自然冷却(避免烫伤)，至反应釜完全冷却后再打开(注意防止里面的液体冲出)。

(5)弃去一部分上清液，剩余部分倒入离心管中离心(3600r/min，5min)，弃上清液，用水洗涤固体(用玻璃棒搅拌)后再离心，水洗一次并离心，再用无水乙醇洗涤两次并离心。

(6)将样品放入表面皿上，在 80℃下烘干，所得纳米 TiO_2 产品应为白色。

2. 纳米 TiO_2 的表征

以透射电子显微镜观测产物的粒度，以 X 射线衍射仪测定产物结构。

3. 自制纳米 TiO_2 的光催化性能

(1)在石英管中加入 3～5mg 自制纳米 TiO_2，量取 40mL 甲基橙溶液于石英管中。

(2)将步骤(1)中的石英管放入超声清洗器中超声分散 20min，再在石英管中放入小磁子并置于光催化反应仪中，搅拌吸附 20min(此时不开汞灯)。

(4)吸附完毕后取适量溶液置于离心管中，10 000r/min 离心 5min，在紫外-可见分光光度计中测吸光度，并记录为 A_0。

(5)打开紫外灯光源(300W 汞灯)，将剩余的纳米 TiO_2、甲基橙溶液置于光化学反应器中进行光照反应；每间隔 10min 取样，按照步骤(4)中操作测定甲基橙溶液的吸光度，并分别记录为 A_1、A_2、A_3 等。

(6)根据甲基橙溶液吸光度值的变化情况，分析 TiO_2 的光催化性能。

五、思考题

(1)简述纳米 Ti_2O 的应用。

(2)查阅文献、资料，简述纳米 Ti_2O 的光催化机理，举例说明其应用情况。

实验 18　纳米 ZnS 的水热合成与表征

一、实验目的

(1)掌握水热法制备纳米 ZnS 的过程。

(2)掌握水热法制备纳米 ZnS 的反应原理。

二、实验原理

金属硫化物具有优良的电性能，广泛应用于半导体、颜料、光致发光装置、太阳能电池、红外检测器、光纤通信等领域。Ⅱ～Ⅵ族半导体由于具有优异的非线性光学性质、光致发光性质、量子尺寸效应以及其他重要的物理化学性质，越来越受到人们的重视，其中 ZnS 是被广泛研究和应用的材料之一。

ZnS 是白色粉末状固体，有两种变形体(图 15)，即高温变体 α - ZnS(又称纤锌矿)和低温变体 β - ZnS(又称闪锌矿)。自然界中稳定存在的是 β - ZnS，晶体结构为四方面心结构，在 1020℃闪锌矿转变成由闪锌矿多晶相组成的纤锌矿，在低温下很难得到 α - ZnS。应该指出的是，相变温度也不是固定不变的，随着 ZnS 晶体尺寸的减小，相变温度也随之降低。

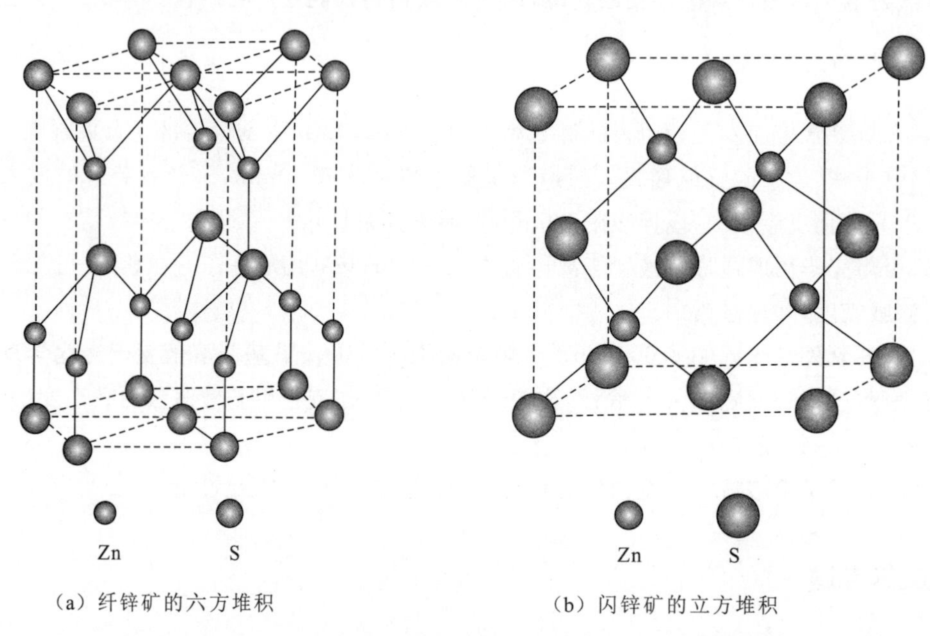

(a) 纤锌矿的六方堆积　　(b) 闪锌矿的立方堆积

图 15　ZnS 晶体结构

立方 ZnS 在可见光范围有高的折射率($n_{488}=2.43$，$n_{589}=2.36$)，对该波段的光没有吸收。ZnS 是一种宽带隙半导体，体相材料的带隙为 3.75eV，是一种有潜力的光子材料。作为块状材料的 β - ZnS 的熔点为 1650℃，纯度为 98%的商品级 ZnS 的密度为 4.0～4.1g/cm³，莫氏硬度为 3.0，折射率为 2.37。由于它高的折射率、透射率、无毒和耐磨性，ZnS 颜料在器材、蜡纸、金属板上作为涂层具有比较高的遮盖力。纳米 ZnS 是一种光子材料，能产生光子空穴，量子尺寸效应带来的能级改变、能隙变宽使其氧化还原能力增强，是优异的光催化半导体材料。同时，ZnS 是一种红外光学材料，在 3～5μm 和 8～12μm 波段具有较高的红外透过率及优良的光、热综合性能，是最佳的飞行器双波段红外观察窗口和头罩材料。另外，ZnS

具有气敏性，对低浓度的还原性较强的 H_2S 有很高的灵敏度，对其他还原性相对较弱的气体的灵敏度较低。因此，ZnS 抗干扰能力强，有很好的应用前景。

实验室制备的 ZnS 中，Zn 和 S 不能完全匹配，有一些非饱和的 Zn 原子化合键存在于 ZnS 晶体中，因此 ZnS 大多为 N 型半导体。ZnS 的诸多优异功能，使得纳米 ZnS 晶体的合成及性质的研究成为化学及材料领域的一个热门话题。ZnS 的优异性能大多依赖于颗粒的大小、分布及形貌。因此，如何实现对 ZnS 尺寸大小、粒径分布的控制以及形貌和表面修饰是研究的关键。

三、仪器与试剂

仪器：电子天平，水热反应釜（聚四氟乙烯内衬），高速离心机，磁力搅拌器，干燥箱，X 射线衍射仪，透射电子显微镜，荧光光度计。

试剂：二水合乙酸锌，尿素，氨水，四水合硫化钠，硫脲，正己醇，无水乙醇，无水氯化锌。

四、实验步骤

1. 纳米 ZnS 的制备

1)方法一

(1)将 3mmol 二水合乙酸锌溶于 14mL 水中，在磁力搅拌下，向溶液中逐滴滴加氨水(1mL/min)，直至溶液的 pH＝9～10 时为止。

(2)将上述溶液加入到 20mL 聚四氟乙烯内衬的反应釜中，再向反应釜中加入 4.5mmol 四水合硫化钠和 21mmol 尿素。

(3)将密封好的反应釜在 160℃下保温 10h，然后让炉子自然冷却至室温，将得到的样品离心分离，再用去离子水多次洗涤。

(4)将所得样品在 60℃的烘箱中干燥 4h。

2)方法二

(1)将 1.487g 二水合乙酸锌和 0.38g 硫脲不经任何处理直接与 14mL 正己醇混合，加入到 20mL 的聚四氟乙烯内衬的反应釜中，在 140℃恒温 12h，自然冷至室温。

(2)产物过滤，分别用无水乙醇和去离子水洗涤，室温自然干燥，得到 ZnS 白色粉末样品。

3)方法三

(1)制备前驱体：将无水氯化锌的热饱和溶液与硫脲的热饱和溶液混合均匀，静置，冷却，析出大量白色针状结晶，过滤，室温干燥，得前驱体。

(2)ZnS 的制备：称取前驱体 0.8g 和 14mL 正己醇溶剂分别加入到 20mL 的聚四氯乙烯内衬的反应釜中，180℃保温 10h，自然冷却至室温；将得到的白色粉末收集，分别用无水乙醇和去离子水洗涤 3 次,50℃下红外干燥。

2. 产物表征

(1)以 X 射线衍射仪对产物进行晶相分析。
(2)以透射电子显微镜观测产物的表面形貌、大小及粒度分布。
(3)用荧光光度计测定产物的发光性能。

五、思考题

(1)就产物的表面形貌、大小及粒度分布等结果,分析实验条件对产物的影响。
(2)分析产物的合成原理。

第五节　化学气相沉积法

化学气相沉积法是一种表面处理改性技术,它利用气态或蒸气态的物质在气相或气固界面处发生化学反应,生成固态沉积物。可见,化学气相沉积法在不改变基体材料的成分、不削弱基体材料的强度条件下,可赋予材料表面一些特殊的性能。化学气相沉积法对反应物、产物及反应类型有一定的要求,例如反应物在室温下最好是气态,或在不太高的温度下就能得到相当的蒸气压等。目前,由化学气相沉积法制备的材料,不仅应用于刀具材料、耐磨耐热耐腐蚀材料、宇航工业上的特殊复合材料、原子反应堆材料及生物医用材料等领域,而且被广泛应用于制备与合成各种粉体材料、块状材料、新晶体材料、陶瓷纤维及金刚石薄膜等。

实验 19　化学气相沉积法制备纳米金刚石薄膜

一、实验目的

(1)掌握化学气相沉积法的基本原理。
(2)了解纳米金刚石薄膜的制备方法。

二、实验原理

化学气相沉积法生产的纳米金刚石薄膜最薄可以达到 2nm,金刚石结构 SP^3 的含量超过 80%。这样的薄膜具有天然金刚石的许多优异特性,有超硬、耐磨、高绝缘、高热导率、高弹性模量、高介质击穿强度、高载流子迁移率、摩擦系数低、膜层均匀、致密度高、耐腐蚀和附着力强等特点。薄膜无色透明，对材质的光学特性基本不产生影响。

纳米金刚石镀膜可用于人工关节、骨板及骨钉的表面处理技术。纳米金刚石薄膜可对钛合金进行表面改性，改善其微量离子释放、污染组织、引起发炎等不良问题，以制作合乎要求的人工关节、骨板及骨钉，并充分利用金刚石膜良好的生物相容性及最佳的化学稳定性。

目前，纳米金刚石薄膜主要采用化学气相沉积法来制备，化学气相沉积法又分为热化学气相沉积法和等离子体化学气相沉积法。本实验采用微波等离子体化学气相沉积(MPCVD)装置(图 16)，利用 MPCVD 法制备高质量的超纳米金刚石薄膜。

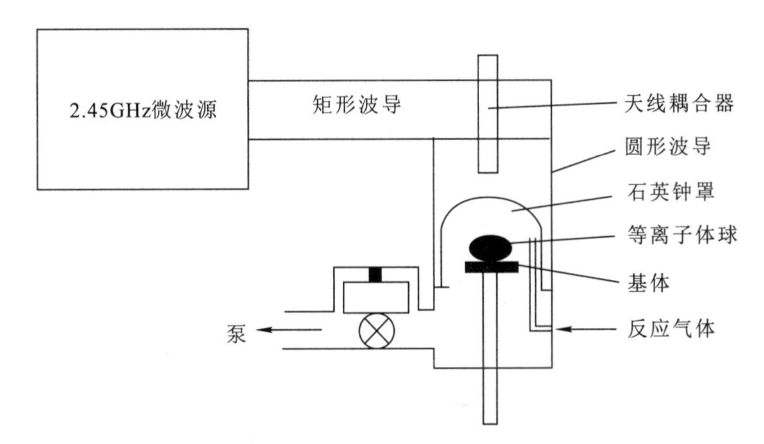

图 16　石英钟罩式 MPCVD 装置的结构简图

三、仪器与试剂

仪器：MPCVD 装置，超声清洗器，激光拉曼光谱仪，扫描电子显微镜。

试剂：Si(100)单晶基片，金刚石粉，Ar，CO_2，CH_4，H_2，无水乙醇。

四、实验步骤

1. 样品的制备

(1)采用对 10mm×10mm 镜面抛光的 N 型 Si(100)单晶基片进行两步机械研磨预处理：先用粒度为 0.5μm 的金刚石微粉对基片表面进行手工研磨，再用混有粒度为 40μm 金刚石粉的无水乙醇悬浮液超声研磨处理 20min，最后用无水乙醇清洗，吹干后放入样品室备用。

(2)具体化学气相沉积工艺参数如下：Ar、CO_2、CH_4 的流量分别为 80mL/min、

8mL/min、8mL/min，且保持不变；微波功率1300W，压力10.3Pa，沉积温度750℃，沉积时间5h。生长结束后再用H_2等离子对样品表面进行25min的原位刻蚀处理，以除去表面残留的石墨等非金刚石相。

2. 产物表征

(1)以激光拉曼光谱仪分析碳的各种键合状态。
(2)以扫描电子显微镜观察金刚石薄膜的表面形貌。

五、思考题

(1)分析对Si(100)单晶基片进行预处理的目的是什么？
(2)查阅文献、资料，试举1～2个例子说明化学气相沉积法在材料合成中的应用。

实验20 化学气相沉积法制备ZnO透明导电膜

一、实验目的

(1)掌握金属有机化学气相沉积法的基本原理。
(2)了解ZnO透明导电膜的制备方法。

二、实验原理

透明导电膜在太阳能电池上主要用作电池的透明电极，有些还可同时作为减反射膜。不同透明导电膜的电学、光学性能以及结构等都不相同，亦对太阳能电池的光电特性和输出特性产生不同影响。一般来说，在太阳能电池中对透明导电膜的要求是载流子浓度高、带隙宽度大、光电特性好、化学性质稳定、电阻率较低、机械强度高以及优良的耐磨损性等。

ZnO作为一种直接带隙宽禁带半导体材料，室温下禁带宽度为3.37eV，具有优良的光电和压电性能。ZnO薄膜具有c轴择优生长的特点，晶粒呈生长良好的六角纤锌矿结构。ZnO晶体是由O的六角密堆积和Zn的六角密堆积反向嵌套而成的。这种结构的薄膜电阻率高于$10^6\Omega\cdot cm$。ZnO晶体中每一个Zn原子都位于4个相邻的O原子所形成的四面体间隙中，但只占据其中半数的O四面体空隙，O原子的排列情况与Zn原子相同。因而这种结构比较开放，半径较小的组成原子易变成间隙原子。Al离子半径比Zn离子半径小，Al原子易成为替位原子进入Zn原子的位置，也容易成为间隙原子。ZnO薄膜掺杂Al后，可以形成ZAO薄膜，导电性能大幅度提高，电阻率可降低到$10^{-4}\Omega\cdot cm$。Al掺杂后，不仅可以降低电阻率，还可以提高薄膜的稳定性。

ZnO 透明导电膜的光电性能优异，生产制备成本低廉且性能稳定性好，属于环境友好型材料。本实验采用金属有机化学气相沉积（MOCVD）法来制备 ZnO 透明导电膜。

三、仪器与试剂

仪器：电子天平，MOCVD 装置，四探针双电测电阻仪，椭偏仪，X 射线衍射仪，紫外-可见分光光度计。

试剂：乙酰丙酮锌，乙酰丙酮铝，无水乙醇。

四、实验步骤

1. 样品的制备

加入 26.4mg 乙酰丙酮锌、6.6mg 乙酰丙酮铝（分别为锌源和铝源），水蒸气为氧源，氮气为载气，流量均为 8mL/min；在事先用无水乙醇清洗烘干后的无机玻璃衬底上，以 210℃ 沉积 Al 掺杂 ZnO 薄膜。

2. 产物表征

（1）用椭偏仪测试膜厚。
（2）用四探针双电测电阻仪测试薄膜的电阻率、方块电阻。
（3）用紫外-可见分光光度计测试薄膜透光性。
（4）用 X 射线衍射仪进行物相分析。

五、思考题

（1）查阅文献、资料，了解传统透明导电氧化物的种类及其制备方法。
（2）查阅文献、资料，了解反应条件对沉积速度、薄膜形貌的影响。

第六节　新型无机材料的制备

无机材料一般可分为传统无机材料和新型无机材料两大类。传统无机材料是指以二氧化硅及其硅酸盐化合物为主要成分制备的材料。随着现代科学技术的发展，人们已经制备出了一系列新型无机材料，如光电功能材料、超硬材料、高技术陶瓷、无机生物材料等。目前，常用氧化物、氮化物、碳化物、硼化物、硫化物、硅化物来制备新型无机材料。

实验21 多孔陶瓷的制备

一、实验目的

(1)了解多孔陶瓷的用途。

(2)掌握多孔陶瓷的制备方法。

二、实验原理

多孔陶瓷是一种经高温烧结、内部具有大量彼此相通并与材料表面也相贯通的孔道结构的陶瓷。多孔陶瓷具有如下特点:①巨大的气孔率和气孔表面积;②可调节的气孔形状、气孔孔径及其分布;③气孔在三维空间的分布连通可调;④具有其他陶瓷基体的性能,并具有一般陶瓷所没有的与其巨大的比表面积相匹配的优良热、电、磁、光、化学等功能。同时,多孔陶瓷在液体过滤、高温烟气过滤、净化分离、化工催化剂载体、吸声减震、隔热保温材料、生物植入材料、特种墙体材料和传感器材料等方面也得到了广泛的应用。因此,多孔陶瓷材料及其制备技术受到了人们的广泛关注。

多孔陶瓷中的孔结构与性能有着紧密联系,不同的制备方法和工艺可以获得不同的微观结构。多孔陶瓷中孔的形成方法有以下几种:①添加成孔剂工艺,在原料中加入成孔剂(例如碳粒、碳粉、纤维、木屑等),既能在胚体内占有一定体积,烧结、加工后又能够除去,使其占据的体积成为气孔。也有用难熔化易溶解的无机盐类作为成孔剂的,可在烧结后的溶剂侵蚀作用下除去。②有机泡沫浸渍工艺,是用有机泡沫浸渍陶瓷浆料,干燥后烧掉有机泡沫,获得多孔陶瓷。③发泡工艺,在制备好的料浆中加入发泡剂,如碳酸盐和酸等,通过化学反应,发泡剂能够产生大量细小气泡,烧结时通过在熔融体内发生放气反应能得到多孔结构。④溶胶—凝胶工艺,利用凝胶化过程中胶体粒子的堆积以及凝胶(热等)处理过程中留下的小气孔,形成可控多孔结构。⑤利用纤维制得多孔结构,即利用纤维的纺织特性与纤细形态等形成气孔。⑥利用腐蚀法产生微孔、中孔。⑦利用分子键构成气孔,如分子筛,既是微孔材料,也是中孔材料。

多孔陶瓷的配方设计如下:①骨料是多孔陶瓷的主要原料,在胚体中起到骨架的作用。一般选择强度高、弹性模量大的材料。②黏结剂可使骨料黏结在一起,以便于成型。一般选择瓷釉、黏土、高岭土、水玻璃、磷酸铝和石蜡等。③成孔剂可促使陶瓷的气孔率增加,需满足在加热过程中易于排除,排除后在基体中无有害残留物,不与基体反应等条件。

使混合好的配料通过某种方法成为具有一定形状的胚体的工艺过程叫成型。多孔陶瓷的成型方法见表7。

表 7　多孔陶瓷的成型方法

成型方法	优点	缺点	适用范围
模压	①模具简单； ②尺寸精度高； ③操作方便、生产率高	①气孔分布不均匀； ②制品尺寸受限制； ③制品形状受限制	尺寸不大的管状、片状、块状
挤压	①能制取细而长的管材； ②气孔沿长度方向分布均匀； ③生产率高，可连续生产	①需加入较多增塑剂； ②混料制备麻烦； ③对原料的粒度要求高	细而长的管材、棒材(包括异形截面)
轧制	①能制取细而长的带材及箔材； ②生产率高，可连续生产	①制品形状简单； ②粗粉末难加工	各种厚度的带材，多层过滤器
等静压	①气孔分布均匀； ②适于大尺寸制品	①尺寸公差大； ②生产率低	大尺寸管材及异形制品
注射	①可制形状复杂的制品； ②气孔沿长度方向分布均匀	①需加入较多的增塑剂； ②制品尺寸大小受限	各种形状复杂的小件制品
粉浆浇注	①可制形状复杂的制品； ②设备简单	①生产率低； ②原料受限制	复杂形状制品，多层过滤器

三、仪器与试剂

仪器：电子天平，烘箱，高温炉，陶瓷研钵。

试剂：氧化铝，煤粒，羧甲基纤维素(CMC)，MgO。

四、实验步骤

1. 配料

用电子天平按表 8 称取总质量为 25g 的原料。

表 8　实验配料表

原料	氧化铝	煤粒	MgO	CMC	水
用量	60%	17%	8%	15%	10%～15%固体料

2. 混合研磨

将配好的物料充分混合，采用多次过 120 目筛与反复搅拌的方法使配料混合均匀。将混合好的配料放入陶瓷研钵中，充分研磨。

3. 成型

将研磨好的物料放入模具中，在压力机上用 2000Pa 压力下压制成致密毛坯。

4. 干燥

将毛坯在烘箱中于 100℃下预处理 30min，使毛坯干燥。

5. 烧结

将干燥后的毛坯放入高温炉中，按表 9 的升温程序进行烧结，即可获得多孔陶瓷。

表 9　升温程序表

温度区间/℃	室温～400	400～1100	1200～1300	1300
升温速率/(℃·h^{-1})	100	200～300	100	保温 1h

五、思考题

(1)查阅文献、资料，简述多孔陶瓷的应用。
(2)多孔陶瓷的孔是如何形成的？

实验 22　氧化铁纳米棒的制备

一、实验目的

(1)了解制备氧化铁纳米棒的方法。
(2)了解制备氧化铁纳米棒的原理。

二、实验原理

氧化铁有 $\alpha-Fe_2O_3$、$\beta-Fe_2O_3$、$\gamma-Fe_2O_3$、$\delta-Fe_2O_3$ 四种结构，其中 $\alpha-Fe_2O_3$ 在自然

界中最常见，并具有稳定的结构。纳米氧化铁除了具有普通氧化铁的耐腐蚀、无毒等特点外，还具有分散性好、色泽鲜艳、对紫外线具有良好的吸收和屏蔽效应等特点，可广泛应用于闪光涂料、油墨、塑料、皮革、汽车面漆、气敏材料、催化剂、电子、光学抛光剂、生物医学工程等行业中。由于纳米氧化铁具有如此多的优点及广泛的应用前景，近年来，国内外研究者对其制备和应用进行了大量的研究工作。特别是 $\alpha-Fe_2O_3$，由于具备制备成本低、资源丰富、合适的禁带宽度、优异的可见光吸收能力、光电化学性质稳定等优点，已成为光电极的常用材料之一。

一维纳米材料是一种以纳米为尺度的棒状、线状、管状等不同形貌的一维结构体系的材料，具有良好的光电特性、热传导性、磁学性能、力学性能及催化性能等，它们可被用作新一代纳米光电子、电化学、电动机械器件的构筑单元。

目前，制备一维纳米材料的方法主要有反相胶束法、溶剂热法、分子束外延法、模板法、激光或电弧蒸发法、催化热解法等，不同制备方法对产物的结构和形貌有一定的影响。尽管采用这些工艺能制备尺寸均一的一维纳米材料，但是这些工艺往往较为复杂、污染环境、成本较高，不能实现大规模工业生产。

本实验采用化学法制备氧化铁纳米棒，该方法弥补了上述方法的不足，是一种绿色环保、操作简单、产率较高的方法。

三、仪器与试剂

仪器：电子天平，超声仪，加热套，离心机，X 射线衍射仪，扫描电子显微镜。

试剂：氯化铁（$FeCl_3 \cdot 6H_2O$），无水乙醇。

四、实验步骤

(1)将水和无水乙醇按照 3∶1(体积比)的比例配制 100mL 的混合溶液备用。

(2)将 0.005mol 的氯化铁加入到乙醇溶液中，超声 30min 使固体溶解，并用加热套进行加热至混合溶液沸腾并回流；回流 10h，用离心机离心，去除上清液，并用无水乙醇和水反复洗涤，即得产品。

(3)用 X 射线衍射仪对样品进行物相分析，用扫描电子显微镜观察纳米棒的结构。

五、思考题

(1)回流制备氧化铁纳米棒的反应原理是什么？

(2)查阅资料，试讨论铁盐的种类、无水乙醇与水的混合比例、回流时间对纳米棒的影响。

实验 23　Fe_3O_4/Au 纳米复合微粒的制备

一、实验目的

(1)了解复合型金磁微粒的特点。
(2)了解复合型金磁微粒的制备方法。

二、实验原理

表面包覆的磁性纳米复合微粒是材料科学领域研究的热点,合适的包覆材料能克服磁性纳米微粒易团聚、表面功能基团少等缺点,可有效地改善磁性纳米微粒的物理化学性能。由于金具有稳定的化学性质、无毒、制备过程简单等特点,制备的金包覆磁性纳米微粒是结合磁性氧化物粒子和胶体金特点的复合微粒。

金磁微粒除具有磁性纳米粒子可用于磁分离的特性外,同时其外包覆的金层具有金纳米微粒的生物或药物分子快速固定化特点,在固定化酶、免疫测定、生物医药、细胞分离、DNA 检测、磁记录、磁导靶向给药等诸多领域有着广泛的应用前景。目前,有关纳米及微米级金磁微粒的合成与应用研究已成为科学家关注的热点。

根据结构及组成的不同,金磁微粒可分为核壳型和组装型两种。在磁性粒子表面将 Au^{3+} 还原为 Au,可得到核壳结构的金磁微粒。先将磁性粒子进行表面有机试剂的修饰,通过 Au—S、Au—N 等原子之间的相互作用将纳米金粒子吸附在磁性颗粒表面即可形成组装结构的金磁微粒。

三、仪器与试剂

仪器:电子天平,恒温水槽,电动搅拌器,超声波清洗器,摇床,光子相关光谱仪,磁振动仪。

试剂:$FeCl_3 \cdot 6H_2O$,$FeCl_2 \cdot 4H_2O$,氯金酸($AuCl_3 \cdot HCl \cdot 4H_2O$),3-氨丙基三乙氧基硅烷(APTES),无水乙醇,柠檬酸三钠,盐酸羟胺($CH_3CH_2ONH_2 \cdot HCl$),氢氧化钠,胶体金溶液。

四、实验步骤

1. 纳米磁性 Fe_3O_4 的制备

(1)将恒温水槽调至 30℃,向三口烧瓶中通入氮气。

(2)称取 3.24g $FeCl_3 \cdot 6H_2O$ 超声溶解于 15mL 水中,倒入三口烧瓶中。

(3)称取 1.59g $FeCl_2 \cdot 4H_2O$ 超声溶解于 10mL 水中,倒入三口烧瓶中与以上溶液混合。

(4)量取 100mL 高纯水倒入三口烧瓶,开启电动搅拌器,在 300r/min 条件下搅拌 5min。

(5)向三口烧瓶中加入现配制的 1mol/L 的氢氧化钠溶液 60mL,控制其加入时间为 30s 左右,保持 300r/min 条件下搅拌 20min。

(6)升温至 70℃,将搅拌速度调为 1000r/min,保持 1h。

(7)将溶液冷却,磁分离,用高纯水洗涤 3 次,再加适量高纯水保存于试剂瓶中备用。

2. 表面氨基化磁性 Fe_3O_4 纳米粒子的合成

(1)取上述制备的磁性 Fe_3O_4 5mL 置于烧杯中,加入 15mL 无水乙醇和 10mL 高纯水。

(2)加入 100μL APTES 溶液。

(3)调节恒温水槽温度为 50℃,调节搅拌杆转速为 300r/min,反应 10h。

(4)反应结束后,用高纯水和无水乙醇反复清洗,去除油状物。

(5)加适量的水保存至试剂瓶中备用。

3. 金溶胶的制备

取 0.01%氯金酸溶液 100mL 加热至沸腾;搅拌下准确加入 1%的柠檬酸三钠溶液 0.7mL,金黄色的溶液在 2min 内变成紫红色,继续反应 15min,冷却后用重蒸水恢复到原体积。

4. Fe_3O_4/Au^0 的制备

将 20g 制备的表面氨基化磁性 Fe_3O_4 溶于 10mL 重蒸水中,取 100μL 胶体金溶液稀释至 1mL,加入到氨基化磁性 Fe_3O_4 溶液中,室温摇床反应 2h。磁性分离,洗涤 2~3 次,定容于 10mL 高纯水中。

5. Fe_3O_4/Au 的制备

采用一步法:取 4mg 上一步合成的 Fe_3O_4/Au^0(约 2mL)稀释至 10mL。加入 100μL 0.1%的氯金酸,加入新鲜配制的 200μL 10^{-3}mol/L 盐酸羟胺。混合均匀,反应 2h,磁性分离,清洗,保存于 4mL 水中。

6. 产物表征

观察 Fe_3O_4/Au 的形态、外观以及在外加磁场下的运动;测定样品的磁性和粒径。

五、思考题

(1)Fe_3O_4/Au 的制备原理是什么?

(2)查阅资料,了解金磁微粒的应用。

实验 24 磁性材料 $CoFe_2O_4$ 的制备

一、实验目的

(1)了解磁性材料的特点。

(2)了解纳米 $CoFe_2O_4$ 的制备方法。

二、实验原理

尖晶石型铁氧体的晶体结构和天然矿石——镁铝尖晶石的结构相似,属于立方晶系,其中氧离子作面心立方密堆积,它的化学分子式可写作 $MeFe_2O_4$。其中 Me 代表二价金属离子,如 Zn^{2+}、Mg^{2+}、Co^{2+}、Cu^{2+}、Ni^{2+}、Fe^{2+} 等;而铁为 Fe^{3+} 时,也可以被 Al^{3+}、Cr^{3+}、Fe^{2+}、Ti^{4+} 所替代。总之,只要几个金属离子的化学价总数为 8,能与氧离子化学平衡即可。

钴铁氧体磁性微粉具有独特的物理、化学特性、催化特性和磁特性。如矫顽力和电阻率可达到比磁性合金高几十倍的水平,高频磁导率较高,在可见光区有较大的磁光偏转角,化学性能稳定且耐蚀、耐磨,因而可以将其粉体粒径与直流磁化参数调节到合适的范围用作磁记录介质,以保证在足够信噪比条件下不断提高记录密度。钴铁氧体磁性微粉还可以作为一种重要的微波吸收剂使用,也可作为废水处理的非均相催化剂,其优势是利用 $CoFe_2O_4$ 催化剂自身磁性,可简化废水处理后催化剂的分离和回收重复利用操作。

本实验采用低温固相合成法,在较低的温度下(90℃)制备单一尖晶石型钴铁氧体微粉。该方法具有反应易于操作和控制、不使用溶剂,同时选择性高、产率高、污染少、节约能源、合成工艺简单等特点。其化学反应式为:

$$2FeCl_3 + CoCl_2 + 8NaOH \longrightarrow CoFe_2O_4 + 8NaCl + 4H_2O$$

三、仪器与试剂

仪器:玛瑙研钵,电子天平,干燥箱、马弗炉,X 射线衍射仪,透射电子显微镜。

试剂:$FeCl_3 \cdot 6H_2O$,$CoCl_2 \cdot 6H_2O$,NaOH,$AgNO_3$。

四、实验步骤

1. $CoFe_2O_4$ 的制备

(1)按化学计量比称取 0.05mol $FeCl_3 \cdot 6H_2O$、0.025mol $CoCl_2 \cdot 6H_2O$ 和 0.22mol NaOH。

(2)将它们分别在玛瑙研钵中研成粉末，然后均匀混合，将混合物研磨 30min 以上。

(3)将研磨至较干的粉体用去离子水反复清洗，直至用 $AgNO_3$ 溶液检验不到清洗液中有氯离子存在。

(4)将清洗后的沉淀物放入干燥箱中，在 100℃下干燥，得到黑褐色的 $CoFe_2O_4$ 颗粒；将得到的前驱体在 500℃进行热处理，即得产物。

2. 产物表征

(1)采用 X 射线衍射仪测定产物的 X 射线衍射图谱。

(2)采用透射电子显微镜观察样品的形貌。

(3)用磁铁检查样品的磁性。

五、思考题

(1)查阅资料，解释晶粒尺寸随热处理温度变化的原因。

(2)查阅资料，了解钴铁氧体磁性材料的制备方法和用途。

实验 25　直接法制备 K_2FeO_4 及测定

一、实验目的

(1)了解 K_2FeO_4 的性质及应用。

(2)熟悉 K_2FeO_4 的制备及提纯方法。

二、实验原理

K_2FeO_4 是一种具有光泽的深紫色晶体，水溶液为暗紫红色。K_2FeO_4 呈畸变扭曲的四面体结构，铁原子在四面体的正中心位置，4 个等价的氧原子处在四面体的 4 个顶点上，每个 K_2FeO_4 晶胞中含有 4 个 K_2FeO_4 分子。K_2FeO_4 是一种新型高效多功能绿色水处理剂，无论在酸性条件还是碱性条件下，K_2FeO_4 都具有极强的氧化性，其氧化性比高锰酸钾、臭氧和氯气等都要强。此外，K_2FeO_4 在水中分解会产生 $Fe(OH)_3$，该产物具有显著的吸附和絮凝作用，是其他水处理剂不可比拟的。因此，K_2FeO_4 具有氧化、吸附、絮凝、助凝、杀菌、除臭等功能，对于废水中的微生物、有机物、铅、镉、硫等具有良好的去除作用。因此，K_2FeO_4 作为可工业化利用的绿色高效水处理剂，具有方便简单、效果优良、适用性广等特点，其在水处理中的应用潜力已引起了人们的广泛关注。

目前制备 K_2FeO_4 最成熟的方法是间接法，原理是依靠次氯酸根将铁盐氧化成 FeO_4^{2-}，生成 Na_2FeO_4，再加入一定量的 KOH，将 Na_2FeO_4 置换出来，在低温下重结晶，析出 K_2FeO_4 晶体。由于该方法要经过 Na_2FeO_4 来制备 K_2FeO_4，所以称为间接法。反应式如下：

$$3NaCl+2Fe(NO_3)_3+10NaOH \longrightarrow 2Na_2FeO_4+3NaCl+6NaNO_3+5H_2O$$

$$Na_2FeO_4+2KOH \longrightarrow K_2FeO_4+2NaOH$$

直接法制备 K_2FeO_4 是使用次氯酸钾代替次氯酸钠，直接得到 K_2FeO_4 产品。直接法简化了 K_2FeO_4 的制备工艺，但生产成本相对较高。

本实验以次氯酸钙与饱和氢氧化钾为原料制备次氯酸钾，再以次氯酸钾为氧化剂将 Fe^{3+} 氧化成 Fe^{6+}，同时与硝酸钾反应生成 K_2FeO_4，其化学反应式为：

$$2KOH+Ca(ClO)_2 \longrightarrow Ca(OH)_2+2KClO$$

$$3KClO+2Fe(NO_3)_3+10KOH \longrightarrow 2K_2FeO_4+3KCl+6KNO_3+5H_2O$$

三、仪器与试剂

仪器：磁力搅拌器，电炉，真空泵，电子天平，真空干燥箱，X 射线衍射仪，扫描电子显微镜，紫外-可见分光光度计。

试剂：次氯酸钙，氢氧化钾，九水合硝酸铁，硅酸钠，正戊烷，甲醇，乙醚。

四、实验步骤

1. K_2FeO_4 粗产物的制备

(1)在室温下，将冷却的 100mL 饱和氢氧化钾溶液缓慢加入 6.40g 次氯酸钙中，充分混合后搅拌反应 10min；将反应所得残渣过滤掉得到溶液，逐次少量加入氢氧化钾固体至溶液中，直至溶液饱和，将溶液移入烧杯中备用。

(2)准确称取 16.16g 九水合硝酸铁固体，在电炉上加热溶解成溶液待用。

(3)加入 10mL 1.25mM 的硅酸钠溶液。

(4)缓慢向溶液中滴加步骤(2)中准备好的九水合硝酸铁溶液，在 25℃条件下剧烈搅拌，反应 40min 至析出晶体。

2. K_2FeO_4 的纯化

(1)将析出的晶体溶于 40mL 5M 氢氧化钾溶液中，采用砂芯漏斗抽滤；在 0℃条件下将滤液加入到 60mL 12M 氢氧化钾溶液中，搅拌 5min，陈化 30min，析出晶体，抽滤，得到 K_2FeO_4 晶体。

(2)K_2FeO_4 晶体在超声分散条件下，分别使用 10M 氢氧化钾溶液及正戊烷各洗涤 3 次，过滤后再于超声分散条件下使用甲醇、乙醚各洗涤 3 次。

(3)将产物置于真空干燥箱中，于 70℃左右烘干，称重。

3. 产物表征

(1)采用 X 射线衍射仪对合成产物进行表征。

(2)采用扫描电子显微镜观察样品的微观结构。

(3)紫外-可见吸收光谱分析：称取 0.2g 样品溶于 100mL 蒸馏水中，采用紫外-可见分光光度计在 200～800nm 波长范围内进行光谱扫描。

五、思考题

(1)K_2FeO_4 重结晶的原理是什么?

(2)在洗涤过程中，正戊烷、甲醇和乙醚各起什么作用?

第三章　有机合成

第一节　超声波合成法

超声波是指超出人类听力上限范围的声波部分，通常在10～20kHz范围内。超声波的方向性好，穿透能力强，易于获得较集中的声能，在水中传播距离远，可被用于测距、测速、清洗、焊接、碎石、杀菌消毒等。

超声波合成是指使用低强度超声波（LIU）和高强度超声波（HIU）同时驱动化学反应。超声波的波长远大于分子尺寸，因而不能对分子直接起作用，而是通过周围环境的物理作用影响分子。在超声波促进的化学反应过程中，利用超声波的空化作用使溶液的温度升高，通过震荡代替搅拌加速溶质的溶解，加快化学反应速度。当超声波穿越液体时，通过超声空化作用产生一系列高能过程，包括溶液中液泡的产生、生长和几乎绝热的内爆。超声波在介质的传播过程中，存在一个正负压力的交变周期。在正压相位时，超声波对介质分子挤压，改变介质原来的密度，使其增大；在负压相位时，使介质分子稀疏，进一步离散，介质的密度减小。当用足够大振幅的超声波作用于液体介质时，介质分子间的平均距离会超过使液体介质保持不变的临界分子距离，液体介质就会发生断裂，形成微泡。这些小空洞迅速胀大和闭合，会使液体微粒之间发生猛烈的撞击作用，从而产生几千到上万个大气压的压力。微粒间这种剧烈的相互作用，不仅使液体的温度骤然升高，而且能起到很好的搅拌作用，从而使两种不相容的液体发生乳化，同时加速溶质的溶解。

使用超声波产生的物理极值能够获得用热化学或光化学方法不能制备的各种产物，合成条件温和，无剧烈的放热过程。因此，超声波合成在现代化学中占有独特的地位，可用于大量的制备反应，超声波合成已成为近年来的重要研究领域之一。

实验26　溴苯的超声波促进合成

一、实验目的

(1)了解超声波合成法的原理及操作。

(2)了解超声波促进合成溴苯的制备方法。

二、实验原理

溴苯，为无色油状液体，具有苯的气味，不溶于水，溶于甲醇、乙醚、丙酮等多种有机溶剂，主要用于溶剂、分析试剂和有机合成等。本实验采用超声波促进溴与苯的反应，该方法不仅大幅度缩短反应时间，同时可减少副产物的生成，操作方便、收率高。其化学反应式为：

$$C_6H_6 + Br_2 \xrightarrow[\text{超声波}]{\text{铁粉}} C_6H_5Br + HBr$$

三、仪器与试剂

仪器：电子天平，超声波发生器，回流装置，气体吸收装置，蒸馏装置，红外光谱仪。

试剂：溴，苯，铁粉。

四、实验步骤

1. 溴苯的超声波促进合成

(1)将 1.5g 苯和 0.1g 铁粉加入到 10mL 三颈圆底烧瓶中，再将烧瓶固定在超声波发生器里，安装好回流装置和气体吸收装置。

(2)启动超声波发生器开始振荡，量取 1.0mL 溴，由滴液漏斗滴加到反应瓶中，振荡 20～30min 至瓶内溴的颜色基本褪去，停止反应。

(3)蒸馏，收集 150～175℃之间的馏分，得一次蒸馏产物(主要为溴代苯)。将此馏分再蒸一次，收集 152～158℃之间的馏分，产量为 2.0～3.0g。纯溴苯为无色液体，沸点为 156℃，折光率 $n_D^{20}=1.5597$。

备注：①实验仪器必须干燥，否则反应开始很慢或不反应。②溴为剧毒、强腐蚀性药品，取溴操作应在通风橱中进行，并戴上防护眼镜和橡皮手套，注意不要吸入溴蒸气。③溴苯的沸点超过 140℃，应该用空气冷凝管。

2. 产物表征

采用红外光谱仪测定溴苯的特征吸收峰。

五、思考题

(1)查阅文献,对溴苯的超声波促进合成与其他合成方法进行比较。

(2)查阅资料,了解超声波在合成中的应用。

实验 27　阿司匹林的超声波促进合成

一、实验目的

(1)了解超声波促进合成阿司匹林的实验原理。

(2)了解阿司匹林的绿色合成方法。

二、实验原理

阿司匹林是人类历史上第一种重要的人工合成药物,由 Bayer 公司成功研制并首次应用于慢性关节炎的治疗,到目前已有上百年的历史。阿司匹林具有解热镇痛作用,可用于治疗牙痛、头痛、神经痛、感冒、风湿痛、关节痛等,还能抑制血小板聚集,用于预防和治疗缺血性心脏病、心绞痛、心肺梗塞、脑血栓的形成,因此阿司匹林在医药领域具有广泛的应用。

阿司匹林制备工艺较简单,合成方法有浓硫酸催化法、维生素 C 催化法、一水硫酸氢钠催化法、对甲苯磺酸催化法、碳酸钠催化微波合成法等。本实验采用超声波辅助维生素 C 催化法合成阿司匹林,该合成方法更绿色、经济和高效。其化学反应式为:

$$o\text{-}HOC_6H_4CO_2H + (CH_3CO)_2O \xrightarrow[\text{超声波}]{\text{维生素 C}} o\text{-}CH_3COOC_6H_4CO_2H$$

三、仪器与试剂

仪器:超声波发生器,循环水真空泵,电子天平,电热恒温鼓风干燥箱,红外光谱仪。

试剂:水杨酸,维生素 C,乙酸酐。

四、实验步骤

(1)实验前,将量筒以及锥形瓶提前烘干,以备使用(必须保证干燥无水)。

(2)取 2g 水杨酸和 4.5mL 乙酸酐置于 100mL 的干燥锥形瓶中，再加入 0.25g 维生素 C。塞紧瓶塞，并沿瓶口细细包裹一层保鲜膜，用皮筋加以固定。稍稍震摇使反应物充分混合，于 75℃下超声波发生器中超声，直至观察到固体完全反应消失。

(3)超声结束后立即将反应液转移至 100mL 小烧杯中，待反应液冷却至室温后加入 20mL 冷水，冰浴冷却至有大量晶体析出，用布氏漏斗减压抽滤，并用少量冷水洗涤，制得阿司匹林。

(4)产品烘干、称重，计算产率。

(5)用红外光谱仪测定所制备的阿司匹林的红外光谱。

五、思考题

(1)查阅资料，比较阿司匹林不同制备方法的优缺点。

(2)本实验采用什么原理和措施提高转化率？

实验 28　苯氧乙酸的超声波促进合成

一、实验目的

(1)了解生物活性物质苯氧乙酸的超声波促进合成。

(2)了解生物活性物质苯氧乙酸的性能及应用。

二、实验原理

苯氧乙酸是一种重要的精细化工原料，分子中含有醚基和羧酸基两个活性官能团，常作为活性中间体用作染料、农药及其他有机物的原料。目前，以苯氧乙酸为母体分子，设计合成药效高、选择性好、使用安全的新农药，是人们十分关注的研究课题。

苯氧乙酸为白色固体，熔点 97～99℃。它的合成方法有液—液两相催化、固—液两相催化和三相催化等，这些合成方法反应条件温和，产物收率高，但需要昂贵的相转移催化剂，且后处理麻烦。本实验利用超声波辐射固—液合成苯氧乙酸，反应时间短，条件温和，收率高，且后处理方便。其化学反应式为：

$$C_6H_5OH + ClCH_2CO_2H \xrightarrow[\text{超声波}]{NaOH} C_6H_5OCH_2COONa \xrightarrow{HCl} C_6H_5OCH_2COOH$$

三、仪器与试剂

仪器：超声波清洗器，循环水真空泵，蒸馏装置，抽滤装置，电子天平，干燥箱。

试剂：苯酚，氯乙酸，氢氧化钠，乙腈，浓盐酸，无水乙醇。

四、实验步骤

(1)在干燥的 250mL 圆底烧瓶中分别加入 1.76g 苯酚、4.6g 固体氢氧化钠、2g 氯乙酸及 180mL 乙腈。

(2)在室温下，将圆底烧瓶置于超声波清洗器的水槽中，在功率为 500W 下超声辐射反应 45min。

(3)取出圆底烧瓶，蒸去溶剂乙腈，得到固体；加入适量水溶解，用浓盐酸酸化至刚果红试纸变色；充分冷却，抽滤，少量水洗涤，干燥。配制乙醇溶液(无水乙醇与水体积比为 3∶2)进行重结晶，得到白色固体，称重，计算产率。

备注：加浓盐酸酸化时，注意滴加速度不能过快，以免出现油状物；关闭超声波清洗器之后，才能用温度计测试清洗槽内的水温。

五、思考题

(1)查阅资料，了解苯氧乙酸的其他制备方法。

(2)试讨论影响产物收率的因素有哪些？

实验 29　1-(2,3-二甲氧基)苯基-2-硝基乙烯的超声波促进合成

一、实验目的

(1)了解超声波合成法制备 1-(2,3-二甲氧基)苯基-2-硝基乙烯的原理。

(2)了解 1-(2,3-二甲氧基)苯基-2-硝基乙烯的应用。

二、实验原理

由于硝基烯烃类化合物具有较好的反应活性，1-(2,3-二甲氧基)苯基-2-硝基乙烯是良好的 Michael 反应受体和 Diels—Alder 反应的亲二烯体，而且其硝基容易被还原成氨基，

是合成胺类化合物和含氮化合物的重要前体。此外，硝基烯烃类化合物在不对称催化反应合成手性含氮化合物的研究中也有广泛的应用。

1-(2,3-二甲氧基)苯基-2-硝基乙烯的生产方法主要有烯烃硝化法、硝醇反应法等。烯烃硝化法的反应选择性差，导致副产物多，产物难以分离提纯。因此，本实验采用硝醇反应法，利用硝基烷烃作为活泼亚甲基硝基源，与醛、酮发生类似羟醛缩合的反应，从而达到合成1-(2,3-二甲氧基)苯基-2-硝基乙烯的目的，该法具有反应选择性好、反应原料价廉易得等优点。其化学反应式为：

$$\text{2,3-}(H_3CO)_2C_6H_3CHO + CH_3NO_2 \xrightarrow[\text{超声波,75℃}]{CH_3CO_2NH_4/CH_3CO_2H} \text{2,3-}(H_3CO)_2C_6H_3CH{=}CHNO_2$$

三、仪器与试剂

仪器：超声波反应器，回流装置，抽滤装置，电子天平，干燥箱，红外光谱仪。

试剂：乙酸铵，冰乙酸，硝基甲烷，2,3-二甲氧基苯甲醛，无水乙醇。

四、实验步骤

1. 1-(2,3-二甲氧基)苯基-2-硝基乙烯的合成

(1)在50mL圆底烧瓶中分别加入3.50g乙酸铵、5mL冰乙酸、1.60g硝基甲烷和2.00g 2,3-二甲氧基苯甲醛。

(2)将圆底烧瓶置于超声波反应器中，装上回流冷凝管，固定好装置，在功率为160W超声功率下、75℃反应50min。

(3)反应结束后，取出圆底烧瓶，用冰水将反应混合物冷却。然后将反应混合物倒入40mL冰水混合物中，结晶，抽滤。粗产物用无水乙醇重结晶。抽滤，干燥后得终产物，称重并计算产率。

2. 产物表征

利用红外光谱仪表征产物结构。

备注：硝基甲烷为易制爆化学品，受公安部门管制；易燃，其蒸气与空气可形成爆炸性混合物；强烈震动及受热或遇无机碱、氧化剂、烃类、胺类及三氯化铝、六甲基苯等均能引起燃

烧爆炸;燃烧分解时,放出有毒的氮氧化物气体。因此,操作时要注意密闭操作,全面排风,佩戴过滤式防毒面具,戴化学安全护目镜,穿胶布防毒衣,戴橡胶耐油手套。

五、思考题

(1)查阅资料,写出 Knoevenagel 缩合反应机理。

(2)本实验在酸催化下发生反应,试讨论在碱催化条件下能否发生反应。

第二节 微波合成法

近年来,微波技术作为一种新型绿色的过程强化手段发展迅速。微波(MW)合成是指利用微波与物质的特殊作用,使反应物升温、促使化学反应发生或加速,以实现新物质生成的方法。微波又称高频电磁波,波长为 1mm～1m;频率为 300MHz～300GHz,位于电磁波谱的红外辐射和无线电波之间。微波在 400MHz～10GHz 的波段专用于雷达,其余部分用于通信传输。为了防止民用微波对雷达、无线电通信、广播、电视的干扰,国际上规定各种民用微波的频段为(915±50)MHz 和(2450±50)MHz。通常微波反应器中使用的微波频率为(2450±50)MHz。与可见光不同,微波是连续的并可极化;与激光类似,微波遇到不同的物质时,依据物料的性质,能够产生反射、吸收和穿透作用。

微波化学的原理是微波的“致热效应”。直流电源提供微波发生器的磁控管所需的直流功率,微波发生器产生交变电场,该电场作用在处于微波场的物体上。由于电荷分布不平衡的小分子迅速吸收电磁波而使极性分子产生 25 亿次/s 以上的转动和碰撞,极性分子随外电场变化而摆动并产生热效应。又因分子本身的热运动和相邻分子之间的相互作用,使分子随电场变化而摆动的规则受到阻碍,这样就产生了类似于摩擦的效应,使一部分能量转化为分子热能,造成分子运动的加剧。分子的高速旋转和振动使分子处于亚稳态,这有利于分子进一步电离或处于反应的准备状态,因此被加热物质的温度在很短的时间内得以迅速升高。

一般来说,微波目前主要用于热反应。微波对反应物的加热速率、溶剂的性质、反应体系以及微波的输出功率等都能影响反应的速度。极性分子由于分子内电荷分布不均匀,在微波场中能迅速吸收电磁波的能量,通过分子偶极作用,以每秒数十亿次的高速旋转产生热效应,加热是由分子自身运动引起的,故称内加热。传统加热方式,如回流则是靠热传导和热对流来实现的,因此加热速度慢。微波加热具有加热速度快、加热均匀、渗透力强、无温度梯度、无滞后效应等特点。反应物吸收微波能量的多少和快慢与分子的极性有关。分子的偶极矩越大,加热越快,此时能显著提高反应的速度。但对于非极性分子在极性溶剂中或极性分子在非极性溶剂中的反应,由于非极性分子在微波场中不能产生高速运动,且能够转移极性分子吸收的微波能,使得加热速率大大降低,所以微波不能显著地提高这类反应的速度。此外,有观点认为还存在“非热效应”,即能够改变反应的动力学性质。

随着绿色化学的兴起，微波合成已成为目前化学研究最活跃的方向之一，已成功应用于有机合成、无机合成、高分子合成与修饰、纳米材料的合成等领域。

实验 30　二苯乙二酮的微波促进合成

一、实验目的

(1)了解二苯乙二酮的微波促进合成。
(2)了解微波合成法的基本原理及操作。

二、实验原理

二苯乙二酮又名为联苯酰、联苯甲酰，作为一种原料和中间体，广泛应用于有机合成、制药和食品等行业。例如，作为合成药物苯妥英钠的中间体，以及用于合成杀虫剂、紫外线固化树脂的光敏剂、印刷油墨等。

微波技术可提高反应产物收率、缩短反应时间、降低反应温度等，因此对于提高生产效率、降低成本具有重要意义。本实验采用安息香为原料，微波促进氧化反应合成二苯乙二酮。其化学反应式为：

$$PhCOCH(OH)Ph \xrightarrow[MW]{[O]} PhCOCOPh$$

三、仪器与试剂

仪器：电子天平，微波反应器，水浴锅，抽滤装置，干燥箱，红外光谱仪。
试剂：安息香，中性氧化铝，乙醚，无水乙醇。

四、实验步骤

1. 二苯乙二酮的合成

(1)在 25mL 圆底烧瓶中加入 1.0g 安息香和 4.0g 中性氧化铝，加热使安息香熔解，摇动使两者充分混合(只有安息香熔解，才能和载体充分混合；如分散不均匀，产率会大大降低）。

(2)将圆底烧瓶置于微波反应器中，选择输出功率为650W，反应10min。

(3)将10mL乙醚加入反应瓶中，充分摇动后过滤。粗产物用10mL乙醚分两次洗涤固体，热水浴蒸干乙醚；用6～8mL的无水乙醇重结晶，抽滤，得淡黄色固体。干燥后称重并计算产率。

2. *产物表征*

利用红外光谱仪表征产物结构。

五、思考题

(1)查阅资料，写出本实验反应机理。

(2)本实验中，加入的中性氧化铝起何作用？

实验31　茉莉醛的微波促进合成

一、实验目的

(1)了解茉莉醛制备的基本原理。

(2)掌握利用微波促进合成茉莉醛的方法。

二、实验原理

茉莉醛(2-戊基-3-苯基-2-丙烯醛)在常温下为黄色油状液体，在空气中易氧化并可自燃，需密闭保存。茉莉醛因具有浓郁的茉莉花香气而得名，广泛应用于各类日化香精、调配茉莉香型香精以及铃兰、紫丁香等其他花香型香精，也用于风信子的调和香料及皂用香料。

按照传统的合成方法，茉莉醛由苯甲醛和庚醛在碱性条件下加热缩合而得。这种合成方法的缺点一是：原料苯甲醛和庚醛与碱催化剂水溶液处于不同相，属于非均相催化反应；缺点二是：副反应多，在反应进行过程中，存在着严重的副反应：同时庚醛的自身缩合和苯甲醛的自身歧化反应(Cannizzaro反应)，均会导致产品分离提纯困难。用微波促进合成，不仅可使反应更具选择性，提高茉莉醛的产率，而且简化处理步骤，缩短反应时间，使反应时间由原来的72h缩短到几分钟。

本实验采用微波促进合成茉莉醛，化学反应式为：

$$C_6H_5CHO + CH_3(CH_2)_5CHO \xrightarrow[MW]{K_2CO_3/TBAB/Al_2O_3} C_6H_5CH{=}C(CHO)C_5H_{11}$$

三、仪器与试剂

仪器:微波反应器,抽滤装置,减压蒸馏装置,电子天平,红外光谱仪。

试剂:苯甲醛,庚醛,碳酸钾,四丁基溴化铵(TBAB),中性氧化铝,乙醚。

四、实验步骤

1. 茉莉醛的合成

(1)在25mL圆底烧瓶中加入0.2g TBAB、3.18g苯甲醛、1.14g庚醛和分散于10g中性氧化铝中的0.99g碳酸钾,振摇使其充分混合。

(2)将圆底烧瓶置于微波反应器中,在输出功率350W的微波场中反应4min。

(3)反应结束后,取出圆底烧瓶;冷却后,每次用40mL乙醚洗涤混合物两次;抽滤,除去固体碳酸钾和氧化铝。

(4)先把滤液水浴加热蒸出乙醚,再减压蒸馏,收集173～176℃(20mmHg)或139～141℃(5mmHg)的馏分,即得淡黄色至黄色透明液体产物——茉莉醛。

2. 产物表征

利用红外光谱仪表征产物结构。

备注:①分散于载体上的碱的制法——将碱溶于一定量的水中,然后加入载体,充分混合后,真空干燥即可。②茉莉醛在空气中不稳定,易被空气氧化分解,易自燃,有时向其中加入0.5%质量的二苯胺作稳定剂。

五、思考题

(1)试写出该反应可能的副产物。

(2)试写出该反应的基本原理。

实验32 肉桂酸的微波促进合成

一、实验目的

(1)掌握利用微波促进合成肉桂酸的方法。

(2)了解反应的基本原理。

二、实验原理

肉桂酸又名桂皮酸、β-苯丙烯酸,是一个非常典型的精细化学品。它既可作为香料、保鲜剂、防腐剂使用,又是很多高附加值精细化学品,如香料、医药、农药、甜味剂、塑料和感光树脂等的原料或中间体,可制备抗溃疡剂、血管扩张剂、治疗低血糖和心脏病的药物等。另外,肉桂酸还可用作镀锌板的缓蚀剂、测定铀和钒的试剂、聚乙烯的热稳定剂、聚己内酰胺的阻燃剂等,具有广阔的市场前景。

合成肉桂酸的经典方法为 Perkin 法,自实现工业化以来,其工艺日趋完善。但该法收率较低,耗能多,原料价格高。此外,还有苯乙烯$-CCl_4$ 法、Knoevenagel 法等。

本实验采用无溶剂微波促进 Knoevenagel 缩合反应合成肉桂酸,收率很高,而且反应时间短(仅几分钟),后处理简单,无需有机溶剂,无有毒有害的三废排放,是一个非常成熟的、洁净的绿色化学合成工艺。其化学反应式为:

$$C_6H_5CHO + CH_2(CO_2H)_2 \underset{MW}{\overset{NH_4OAc}{\rightleftharpoons}} C_6H_5CH{=}CHCO_2H$$

三、仪器与试剂

仪器:微波反应器,回流装置,抽滤装置,电子天平,红外光谱仪。

试剂:苯甲醛,丙二酸,醋酸铵,无水乙醇。

四、实验步骤

1. 肉桂酸的微波促进合成

(1)在 100mL 锥形瓶中加入 4.3g 苯甲醛、4.2g 丙二酸和 3.1g 醋酸铵,摇匀使其充分混合。

(2)将锥形瓶置于微波反应器中，装上回流冷凝管。调节输出功率为600W，辐射6min，反应混合物完全熔融成液体并有 CO_2 气体放出。

(3)稍冷却后，取出锥形瓶；加入约50mL冷水，产物即变为固体。将固体产物捣碎，抽滤，用水充分浸润、洗涤两次；抽干后，干燥即得浅黄色产物——肉桂酸。

(4)用乙醇溶液[水∶无水乙醇＝1∶3(体积比)]重结晶，得白色针状结晶性粉末。称重，计算收率。

2. 产物表征

利用红外光谱仪表征产物结构。

五、思考题

(1)试写出该反应的基本原理。

(2)查阅资料，试写出肉桂酸的多种合成方法并进行比较。

实验33　五乙酰基葡萄糖的微波促进合成

一、实验目的

(1)了解五乙酰基葡萄糖合成的基本原理。

(2)掌握利用微波合成法合成五乙酰基葡萄糖的方法。

二、实验原理

葡萄糖是自然界中分布最广的单糖，是生物体内新陈代谢不可或缺的营养物质。它的氧化反应放出的热量是人类生命活动所需能量的重要来源，因此葡萄糖被直接用在食品、医药工业上。糖类分子中的羟基都容易被酰化，生成完全酰化的糖类。葡萄糖分子中含有5个羟基，经乙酰化反应生成五乙酰基葡萄糖。它分子上的保护基乙酰基易被除去，因此常被用作合成糖类衍生物药物的中间体，从而得到广泛应用。

五乙酰基葡萄糖有 α-及 β-异构体。α-异构体为无色针状晶体，熔点112～113℃，$[\alpha]_D^{20}$ 为＋101.6°。β-异构体为无色结晶，熔点134℃，$[\alpha]_D^{20}$ 为＋3.8°。

α-异构体可由葡萄糖与乙酸酐(Ac_2O)及乙酸钠共热而得。β-异构体可由葡萄糖与乙酸酐及少许氯化锌在0℃下作用而得。但传统的制备方法不仅耗时长，而且反应副产物多，增加了分离和分析的困难。用微波辐射作为反应能量，不仅能够缩短反应时间，提高产率，而且能够提高反应选择性。

本实验采用微波合成法合成五乙酰基葡萄糖，化学反应式为：

$$\text{D-葡萄糖 (HO, OH, OH, OH, OH)} + 5\,Ac_2O \xrightarrow[MW]{ZnCl_2} \text{五乙酰基葡萄糖 (AcO, OAc, OAc, OAc, OAc)} + 5\,HOAc$$

三、仪器与试剂

仪器：微波反应器，回流装置，抽滤装置，电子天平，干燥箱，红外光谱仪。

试剂：D-葡萄糖，乙酸酐，无水氯化锌，50%乙醇溶液。

四、实验步骤

1. 五乙酰基葡萄糖的合成

(1)在 50mL 圆底三口石英烧瓶中分别加入 2.50g D-葡萄糖、10.5mL 乙酸酐、1.14g 无水氯化锌，充分混合。

(2)将圆底烧瓶置于微波反应器中，在烧瓶的上方装上回流冷凝管，设置升温时间为 5min，反应温度为 110℃，回流反应 7min。

(3)反应结束后，取出圆底烧瓶，将反应液倒入 100mL 冰水中，立即产生白色沉淀；抽滤，滤饼用 50%乙醇溶液重结晶两次，得到白色针状晶体；干燥后称重，计算产率。

2. 产物表征

利用红外光谱仪表征产物结构。

备注：乙酸酐具有刺激性和腐蚀性，使用时应在通风橱中进行，避免吸入其蒸气。

五、思考题

(1)反应温度超过 110℃后，产物溶液颜色会变黄，产率会下降，反应的副产物可能是什么？

(2)反应时间延长后，产率反而会下降，这可能的原因是什么？

实验 34　苯甲酸的微波促进合成

一、实验目的

(1)用微波促进高锰酸钾氧化法制备苯甲酸。

(2)巩固重结晶、减压过滤操作。

二、实验原理

苯甲酸又称安息香酸、苯酸，是一种重要的有机化合物，可作为药物、食品防腐剂等使用，还可用于制备染料、抗菌剂、驱虫剂、增塑剂、改性剂和香料。另外，苯甲酸还可作为合成纤维、橡胶、塑料、涂料等的重要原料。传统的苯甲酸合成方法是以含有 $\alpha-H$ 的苯的同系物被高锰酸钾等氧化剂氧化而制得的，由于采用的是常规加热方法因而反应时间较长，操作复杂，且产率不高。

本实验采用苯甲醇为原料，经微波促进合成苯甲酸，化学反应式为：

$$C_6H_5CH_2OH + KMnO_4 \xrightarrow[MW]{Na_2CO_3,(n-C_4H_9)_4N^+Br^-} \xrightarrow{HCl} C_6H_5CO_2H$$

三、反应仪器及试剂

仪器：微波发生器，回流装置，抽滤装置，烘箱，电子天平，红外光谱仪。

试剂：苯甲醇，高锰酸钾，碳酸钠，TBAB，盐酸，亚硫酸钠。

四、实验步骤

1. 苯甲酸的微波促进合成

(1)在圆底烧瓶中加入 25mL 水、2.0g 高锰酸钾、1.0g 碳酸钠、0.2g TBAB 和 1.0mL 苯甲醇，再加入 2～3 粒沸石，混合均匀待用。

(2)将圆底烧瓶放入微波发生器的炉腔内，装上回流装置，关闭微波炉门；在 650W 的功率下，反应 16min。反应前溶液呈紫红色(高锰酸钾的颜色)，反应完毕，肉眼观察紫红色的液体颜色基本退去即可，否则须再反应几分钟。

(3)将反应瓶冷至室温，反应体系进行抽滤；得到滤液应为无色，如有部分高锰酸钾未反应完全，则会出现紫红色，此时可加入亚硫酸钠反应掉过量的高锰酸钾，使之变为无色。滤液用盐酸酸化至 pH＝3～4，再用冰浴冷却，至白色晶体完全析出。抽滤，并用少量冰水洗涤滤饼。粗产品用水重结晶，减压过滤后将样品移入表面皿，在 50～55℃烘干，产品称重并计算产率。

2. 产物表征

用红外光谱仪对产品进行表征。

备注：①严禁仅有固体试剂在微波发生器中空烧；②反应体系液体体积要保持在烧瓶 2/3 以下。

五、思考题

(1)在本次实验中，TBAB 起什么作用？请简述其作用原理。

(2)在本实验中为什么要加入碳酸钠？

(3)本实验中存在有哪些副反应？

第三节　电化学合成法

电化学合成是指在导电的水溶液、熔融盐和非水溶剂中，通过电氧化或者电还原过程制备出不同种类与聚集状态的单质或化合物。电化学合成的本质是电解，所以也称为电解合成。它的基本化学原理是通过有机分子或催化媒质在“电极/溶液”界面上的电荷传递、电能与化学能的相互转化，实现旧键断裂及新键的形成。

为了使电化学合成反应能够顺利进行，外加电压必须超过由二电极组成的原电池的电动势。这时，阴极的电位要比可逆的电极电位偏负，而阳极的电位要比可逆的电极电位偏正。在电化学中，把电极电位偏离可逆电极电位的差值称为电极的“过电位”。电极有了过电位，脱离了平衡状态，这种现象称为电极的极化。总之，电化学合成过程是个不可逆的过程。电化学合成在电解池中进行，电解池一般由电源、电极和电解质三部分组成，有时还需要在阴、阳极之间增加隔膜以分隔两个电极区的物质。

影响电化学合成过程的主要因素有以下几种：①电极材料，在不同电极材料上氢和氧的过电位不同。在阴极上氢过电位越高，则对被还原物的还原能力就越强。在阳极上氧过电位越高，则对被氧化物的氧化能力就越强。②电流密度，提高电流密度既能提高过电位，又能增大反应速率，提高反应效率。③去极剂浓度，变更去极剂的浓度一般不影响生成物的性质，但当浓度过高时，反应物之间碰撞的机会增加，有可能发生副反应。④电解液温度，升高温度可以降低过电位，每升高 10℃，一般可降低 0.2～0.3V，并随电极材料的不同而稍有差异。⑤搅拌，充分的搅拌可提高反应速率。另外，电解液的 pH 值和催化剂的存在也会影响电解过程。

实验 35　聚吡咯(PPy)导电薄膜的电化学制备及表征

一、实验目的

(1)了解电化学聚合的基本原理和实施方法。
(2)了解 PPy 薄膜的导电原理和电化学特性。

二、实验原理

Alan J. Heeger、Alan G. MacDiamid 和 Hideki Shirakawa 在 1977 年发现了一种新型的聚合物——碘掺杂聚乙炔,其导电率可达 1×10^{3} S/cm,这三位科学家因在导电聚合物领域的突出成就获得了 2000 年诺贝尔化学奖。尽管导电高分子材料的发现只有 40 余年的历史,但已取得许多令人瞩目的成果。在导电性高分子材料中,聚乙炔是最早被发现的。通过适当的掺杂处理,它可具有接近铜的导电率。但聚乙炔的环境稳定性一直得不到妥当解决,相对而言,PPy、聚噻吩、聚苯胺的环境稳定性较好、电活性高、结构可控,同时具有良好的电学性能和光学性能。因此,这三种导电高分子材料受到研究者的广泛关注且发展十分迅速,已成为导电高分子的主要品种。与聚噻吩类和聚苯胺类相比,聚吡咯类不受质子条件影响,在溶液(水、有机溶剂等)中都能呈现出良好的电化学氧化—还原特性。同时,PPy 导电薄膜还具有较高的机械强度、良好的耐热性和稳定性。因此,PPy 在微电子技术、电磁屏蔽材料、储能、环境监测、生物及化学传感器等领域中有良好的应用前景。PPy 的结构式为:

利用化学或电化学方法在一定条件下可以使吡咯单体氧化而得到中性或导电的 PPy。其中,利用电化学的方法制 PPy 导电膜时,生成的 PPy 在正极上部分氧化,同时支持电解质的负离子嵌入链间进行"掺杂",因而生成的 PPy 膜具有一定的电导率,反应式为:

$$\mathrm{Py} + xA^{-} - xe^{-} \longrightarrow \mathrm{PPy}^{x+}\cdot xA^{-}$$

电化学合成 PPy 导电薄膜可在 Pt 电极等贵金属材料上,也可在不锈钢电极上直接形成;既可在有机溶剂中也可在水溶液中直接形成。电化学聚合得到的 PPy 是不溶的韧性薄膜,在 600℃左右开始分解,密度约 1.57g/cm^{3}。与化学涂料涂装法相比,采用电化学合成法合成导电聚合物膜具有诸多优点,如工艺流程短、简便易行、可以方便获得不同结构和性能的聚合物膜层等。

本实验在水溶液中利用不锈钢电极，采取恒电流阳极氧化法合成 PPy，支持电解质为对甲苯磺酸钠，用红外光谱仪对制备的 PPy 薄膜进行表征。实验装置如图 17 所示。

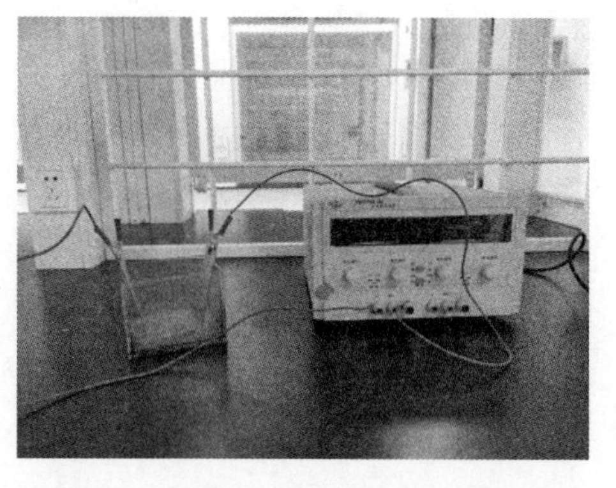

图 17　吡咯电化学聚合实验装置图

三、仪器与试剂

仪器：电子天平，直流稳压电源，反应槽，烘箱，测厚仪，红外光谱仪。

试剂：无水乙醇，吡咯，苯磺酸，对甲苯磺酸钠。

四、实验步骤

1. PPy 导电薄膜的电化学制备

(1)工作电极的准备：使用 600～800 目砂纸打磨不锈钢电极，依次用去离子水、无水乙醇清洗电极，擦拭干后备用。

(2)成膜溶液的准备：配制 0.1mol/L 的吡咯、0.08mol/L 的对甲苯磺酸钠混合溶液 100mL，用苯磺酸调 pH 值至 3～4。

(3)合成装置的准备：按照图 17 安装好电极，接好实验电路，向反应槽中加入步骤(2)中的电解液。

(4)聚合反应：打开电源，调节电压，升至 23mV 左右；当黑色 PPy 在阳极根部产生后，反应一段时间即结束。

(5)PPy 导电薄膜：用去离子水冲洗阳极，再小心剥离 PPy 薄膜到滤纸上，50℃烘干。用测厚仪测量薄膜的厚度，称重。

2. 产物表征

用红外光谱仪测定电化学聚合得到的 PPy 在 500～2000cm^{-1} 区域中的红外光谱。

五、思考题

(1)查阅文献，了解高分子导电材料的制备及导电机理。

(2)分析 PPy 导电薄膜的红外光谱图。

实验 36　丁二酸的电解合成

一、实验目的

(1)了解电解还原法制备丁二酸的反应原理。
(2)了解电解还原法制备丁二酸的方法。

二、实验原理

丁二酸又名琥珀酸,存在于琥珀以及多种植物、动物的组织中,广泛应用于制备医药的前体及农药、香料、食品调味剂和铁质强化剂、照相材料、分析测试、合成塑料、橡胶、涂料、染料等领域。

丁二酸的合成方法比较多,目前丁二酸的生产主要以丁烷为原料经氧化得到顺酐再催化加氢而得到。其他合成方法有醇的氧化、顺丁烯二酸酐或反丁烯二酸的催化加氢、丙烯酸羰基合成法、电解氧化法、乙炔法等。电解还原是电解液离解产生的氢离子在电解池的负极上接受电子,形成原子氢,用于还原有机化合物的一种方法。该方法与催化氢化相比,没有催化剂"中毒"问题,操作方便;与化学还原法相比,它具有收率高、纯度高、易分离、成本低等优点。因此,在实验室和工业上,电解还原法都有着广阔的应用前景。

本实验采用顺-丁烯二酸为原料,在铅电极上用隔膜法电解还原合成丁二酸,化学反应式如下。

阴极反应:

$$\text{HC(CO}_2\text{H)}=\text{HC(CO}_2\text{H)} + 2H^+ + 2e \longrightarrow \text{HO}_2\text{C}-\text{CH}_2-\text{CH}_2-\text{CO}_2\text{H}$$

阳极反应:

$$H_2O \longrightarrow 2H^+ + 1/2O_2 + 2e$$

总反应:

$$\text{HC(CO}_2\text{H)}=\text{HC(CO}_2\text{H)} \xrightarrow[\text{电解}]{[H]} \text{HO}_2\text{C}-\text{CH}_2-\text{CH}_2-\text{CO}_2\text{H} + 1/2O_2$$

三、仪器与试剂

仪器:电子天平,电解发生器,抽滤装置,恒温水浴槽,烘箱,红外光谱仪。
试剂:顺-丁烯二酸,硫酸。

四、实验步骤

1. 丁二酸的电解合成

(1)在电解槽阴极室加入100mL 15%硫酸、5.0g顺-丁烯二酸,加热使之完全溶解,在阳极室加入50mL 5%硫酸。

(2)加热恒温水浴槽至70~80℃。将电解发生器放入恒温水浴槽中,接通电流,调节电流为5A。电解约1h,直到有明显的氢气泡从表面逸出为止,在此过程中不时搅拌阴极液。

(3)电解完毕,切断电源,拆散电解槽,将阴极液趁热过滤。滤液浓缩至30~40mL。静置冷却,过滤的白色晶体干燥称重,计算收率。

2. 产物表征

用红外光谱仪对所得产物进行表征。

备注:①干燥丁二酸时,温度不宜超过100℃,且不能放在滤纸上干燥,以免失水变成丁二酸酐;②硫酸作为支持电解质,可以降低槽电压,节约能源。

五、思考题

(1)查阅资料,试简述丁二酸的多种合成方法,并对各种合成方法进行比较。
(2)该实验中用硫酸作为支持电解质,有什么优势?

实验37　草酸电解合成乙醛酸

一、实验目的

(1)了解电解合成乙醛酸的基本原理。
(2)了解电解合成乙醛酸的制备方法。

二、实验原理

乙醛酸又名二羟醋酸、甲醛甲酸，是一种最简单的醛酸，兼有酸和醛的性质，是有机合成的重要原料，其在香料、医药、农药、染料、造纸、食品添加剂、塑料添加剂、生物化学、光谱学研究等领域具有广泛的应用，例如乙醛酸可用于合成青霉素、香兰素、尿囊素等。

乙醛酸的生产方法很多，主要有乙二醛氧化法、草酸电解还原法以及乙醇酸酶催化氧化法等，其中草酸电解还原法以其成本低、反应条件温和、产品质量好、无三废污染等优点，成为国内外研究的重点，是一种较有发展前景的生产方法。

本实验采用电化学合成法制备乙醛酸，实验简易装置如图 18 所示。反应式如下。

阴极反应：$HOOC—COOH+2H^{+}+2e^{-}\longrightarrow HOOC—CHO+H_2O$

阳极反应：$H_2O\longrightarrow 2H^{+}+1/2O_2+2e^{-}$

总反应式为：

$$HOOC—COOH\xrightarrow{电解}HOOC—CHO+1/2O_2$$

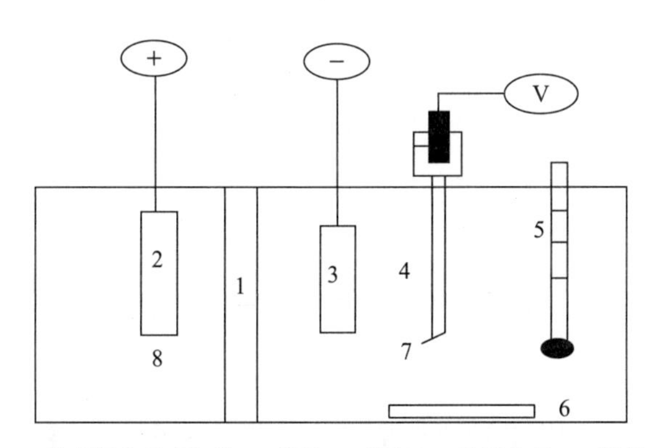

1. 全氟阳离子交换膜；2. 阳极；3. 阴极；4. 甘汞电极；5. 温度计；6. 磁力搅拌器；7. 阴极电解液；8. 阳极电解液。

图 18　简易电解反应装置示意图

三、仪器与试剂

仪器：稳压电源，有机玻璃电解槽，恒定电位仪，饱和甘汞电极，铅电极，铂电极，真空泵，红外光谱仪。

试剂：硫酸，草酸，离子交换树脂。

四、实验步骤

1. 乙醛酸的电解合成

(1)在有机玻璃电解槽的阳极室加入 50mL 质量分数为 9%～10%硫酸阳极电解液,以 50mL 草酸溶液为阴极溶液。插入电极,与稳压电源相连接,调节输出电压为 4.5V,用恒定电位仪控制阴极电位为−1.32V 进行电解。

(2)电解 1h。电解结束后对阴极室的电解液在真空状态下进行浓缩(温度为 30～50℃),然后冷却、分离(滤去草酸),滤液再次真空蒸发。

(3)草酸用离子交换树脂处理后重新回到阴极。

2. 产物表征

采用红外光谱仪对产品进行定性分析。

五、思考题

(1)分析温度、草酸饱和度对乙醛酸产率的影响。

(2)反应过程中,电解液的 pH 值如何变化?

第四节　不对称合成

药物、食品添加剂、保健品、农用化学品、化妆品等产品中有许多物质都是手性的。在药学上,外消旋药物的两个对映体在体内以不同的途径被吸收、活化或降解,往往表现出显著不同的生理性质和反应性。最典型的例子是药物“反应停”(Thlidonide)作为镇痛剂用于预防孕妇恶心。研究人员对该药进行了拆分,发现只有(*R*)-型对映体具有镇痛作用,而(*S*)-型对映体具有致畸作用。从原子经济性考虑,这就要求用有效且环境友好的方法合成光学纯的或至少是非外消旋的化合物。不对称合成是当今化学发展最为活跃的领域之一。目前,不对称合成研究所取得的成果是开发手性药物、材料及香料等化学品的基础。2001年,诺贝尔化学奖授予了在手性催化氢化合成领域作出突出贡献的 William S. Knowles,K. Barry Sharpless 和 Ryoji Noyori 三位科学家。

实验38　生物不对称合成(S)-(+)-对甲苯砜基-2-丙醇

一、实验目的

(1)了解不对称合成的基本原理和方法。

(2)了解(S)-(+)-对甲苯砜基-2-丙醇的不对称合成。

二、实验原理

手性对甲苯砜基-2-丙醇具有抗胆甾脂生物活性，从逆合成角度分析，对甲苯砜基-2-丙醇具有 α 位碳负离子稳定、易发生烷基化及加成反应，且对甲苯砜基易还原脱硫消除的特点，是合成含手性2-烷基醇结构的天然化合物(如手性昆虫信息素及天然食品香料等)的重要中间体。

利用生物法进行的不对称合成，与化学合成法相比更经济、简便、安全，逐渐发展成为生物学家与化学家共同关注的一种新颖合成法。

本实验采用价廉易得的面包酵母生物酶还原对甲苯砜基-2-丙酮，制得高光学纯度的目标产物(S)-(+)-对甲苯砜基-2-丙醇。其化学反应式为：

$$H_3C-\overset{\overset{O}{\|}}{C}-CH_3 + Br_2 \xrightarrow[65℃]{冰醋酸} H_3C-\overset{\overset{O}{\|}}{C}-CH_2Br$$

$$H_3C-\overset{\overset{O}{\|}}{C}-CH_2Br + H_3C-C_6H_4-SO_2Na \xrightarrow[78℃]{乙醇} H_3C-C_6H_4-SO_2CH_2\overset{\overset{O}{\|}}{C}CH_3$$

$$H_3C-C_6H_4-SO_2CH_2\overset{\overset{O}{\|}}{C}CH_3 \xrightarrow{面包酵母} (S)-(+)-CH_3-C_6H_4-SO_2CH_2\overset{\overset{OH}{|}}{C}HCH_3$$

三、仪器与试剂

仪器：电子天平，回流装置，气体回收装置，蒸馏装置，水浴锅，层析柱，离心机，旋光仪。

试剂：丙酮，溴，冰醋酸，无水碳酸钠，无水氯化钙，对甲苯亚磺酸钠，无水乙醇，乙醚，石油醚，无水硫酸镁，面包酵母，白糖，乙酸乙酯。

四、实验步骤

1. 溴化丙酮的合成

(1)在 25mL 三颈圆底烧瓶中,加入 8mL 水、2.5mL 丙酮和 2.0mL 冰醋酸,混合均匀后,装上回流冷凝管、温度计、滴液漏斗和气体回收装置。

(2)水浴加热升温至 65℃,由滴液漏斗慢慢加入 1.7mL 溴,并不时加以摇荡,约 10min 滴完。保持此温度继续反应 20min,此时溴的颜色基本消失。停止加热,待反应液稍冷后,加入 4g 冰,并用冰水浴冷至 10℃以下,慢慢加入约 5.0g 无水碳酸钠中和。

(3)将混合物转移至分液漏斗,分出有机层,用无水氯化钙干燥。过滤除去干燥剂,减压蒸馏,收集 38～48℃/13mmHg 的馏分,得无色刺激性液体溴丙酮。

备注:溴的滴加速度不能太快,否则反应将很剧烈,不易控制。

2. 对甲苯砜基-2-丙酮的合成

(1)在装有回流冷凝管、恒压滴液漏斗的 50mL 三颈烧瓶中,加入 2.0g 对甲苯亚磺酸钠和 6.0mL 无水乙醇,搅拌加热至回流。从恒压滴液漏斗中滴加 1.0mL 溴化丙酮与 2.0mL 无水乙醇的混合物,滴加完毕后继续回流 2h。

(2)冷却后改用蒸馏装置,蒸出大部分乙醇;加入 8mL 水,分出有机层;水层用乙醚萃取 5 次(每次用 10mL 乙醚);合并有机层,用无水硫酸镁干燥,蒸去乙醚,粗产物用洗脱剂乙醚∶石油醚=4∶1(体积比)进行柱层析纯化。

3. (S)-(+)-对甲苯砜基-2-丙醇的合成

(1)在 1L 烧杯中,加入 150mL 蒸馏水、25g 面包酵母和 25g 白糖;搅拌,控制水浴温度在 28℃左右;2h 后加入 1.0g 对甲苯砜基-2-丙酮,以后每天加入 2.5g 白糖和 2.5g 面包酵母。

(2)反应 3d 后,将所得的产物离心沉降;溶液用乙酸乙酯连续萃取 24h,收集有机层;用无水硫酸镁干燥,蒸去溶剂;粗产物用洗脱剂乙酸乙酯∶石油醚=1∶1(体积比)进行柱层析,得无色晶体(S)-(+)-对甲苯砜基-2-丙醇。

4. 产物表征

用旋光仪测定产物的比旋光度。

五、思考题

(1)试分析影响(S)-(+)-对甲苯砜基-2-丙醇收率的因素有哪些?

(2)查阅文献,简要介绍不对称合成在制药行业中的应用。

实验39　L-(+)-酒石酸二乙酯的合成

一、实验目的

(1)了解L-(+)-酒石酸二乙酯的合成原理。

(2)了解制备L-(+)-酒石酸二乙酯的方法。

二、实验原理

L-(+)-酒石酸二乙酯又名α,β-二羟基琥珀酸二乙酯，是一种无色或淡黄色油状黏稠液体。其熔点为17℃，沸点为280～281℃，比旋光度$[\alpha]_D^{20}=+7.5°$，微溶于水，溶于非挥发性油、乙醇和乙醚。L-(+)-酒石酸二乙酯的分子结构中含有两个手性碳原子，是一种重要的手性药物萃取拆分剂，主要用于手性药物、手性中间体的合成及不对称催化领域。

在工业上，L-(+)-酒石酸二乙酯常规的合成方法是在H_2SO_4催化下由L-(+)-酒石酸和乙醇酯化而成。由于浓硫酸的强腐蚀性、易引起副反应、严重污染环境，人们开展了酯化催化剂的广泛研究，例如采用盐酸、硼酸、强酸性阳离子交换树脂等作催化剂。本实验以硼酸为催化剂、四氯化碳作为带水剂来合成L-(+)-酒石酸二乙酯。其化学反应式为：

O　OH　HO　O　OH　OH　$+ C_2H_5OH$ $\xrightarrow{\text{硼酸}}$ C_2H_5O　O　OH　O　OH　OC_2H_5

三、仪器与试剂

仪器：电子天平，回流装置，油浴锅，磁力搅拌器，红外光谱仪，旋光仪。

试剂：L-(+)-酒石酸，无水乙醇，硼酸，四氯化碳，甲苯。

四、实验步骤

1. L-(+)-酒石酸二乙酯的合成

(1)在装有搅拌器、冷凝器、温度计的250mL三颈瓶中加入30g L-(+)-酒石酸、50mL无水乙醇和50mL四氯化碳；油浴加热，搅拌，当L-(+)-酒石酸溶解后，缓慢加入0.3g硼酸，回流反应至体系无水带出时停止。然后将磁力搅拌器温度升至80℃，将乙醇和四氯化碳蒸出，至不再有馏出物时反应结束。

(2)将三口烧瓶内物质倒入量筒，并加入等体积的甲苯；缓慢倒入分液漏斗中，振荡后静置；两相静止分层后，进行萃取分离，分液回收甲苯，得到产品。

2. 产物表征

(1)用旋光仪测定产物的比旋光度。

(2)用红外光谱仪对产物进行定性分析。

五、思考题

(1)试分析反应中四氯化碳的作用及原理。

(2)查阅文献，简要介绍 L-(+)-酒石酸二乙酯的应用。

第五节　有机人名反应

有机化学史上涌现了大量优秀的有机化学家，有机人名反应就是为了纪念首次发现这个(类)反应、或对该反应作出深入研究并取得了突出贡献的科学家而以科学家的名字命名的反应。将一些由科学家最先研究的经典反应以他们自己的名字命名已成为惯例，一个反应能否被冠以人名并无严格的标准，通常是与反应的新颖性、重要性及应用性等密切相关。以人名命名化学反应的方法比较简单方便，迄今为止大约有上千个人名反应曾被提及或应用过。为人们所熟知的有机人名反应有几百个，著名的反应包括 Wittig 反应、Claisen 酯缩合反应、Friedel—Crafts 反应和 Diels—Alder 反应等。

实验 40　Perkin 缩合——香豆素的合成

一、实验目的

(1)了解制备香豆素的方法。

(2)掌握 Perkin 反应的机理。

二、实验原理

Perkin 反应是由英国化学家 William H. Perkin 发现的，肉桂酸和香豆素的合成是该反应的两个典型实例。

香豆素是邻羟基肉桂酸的内酯，即1,2－苯并吡喃酮。香豆素是广泛存在于自然界中的一种内酯类化合物，在芸香科和伞形科植物中存在最多，其次是豆科、兰科、木犀科、茄科和菊科植物，少数来自微生物。香豆素是能升华的无色片状结晶，相对分子质量为146.14，熔点为68～70℃，沸点为297～299℃(139℃/5mmHg)，密度为0.935g/mL。它可以溶于乙醇，易溶于氯仿和乙醚，1g香豆素可溶于400mL冷水或50mL沸水中。

香豆素具有抗艾滋、抗肿瘤、增强免疫等生理活性以及较好的光电性能；并且通过香豆素环上不同位置的取代修饰，可以得到具有不同范围的吸收和荧光发射波长、显示不同颜色和具有较强荧光的衍生物。香豆素主要用于配制肥皂、洗涤剂用的香精，也可用作镀镍的光亮剂。过去曾将香豆素用作食品添加剂和香烟的香料，现因其毒性较高而被禁用。香豆素还可用作荧光增白剂、荧光染料和激光染料、电致发光材料、太阳能电池的有机光敏染料以及生物蛋白研究中的荧光探针等领域。

香豆素的经典合成方法是利用水杨醛与酸酐的Perkin缩合反应，再内酯化得到香豆素。其化学反应式为：

$$\text{(CHO, OH)-C}_6\text{H}_4 + (CH_3CO)_2O \xrightarrow[170℃]{KF} \text{(OH)-C}_6\text{H}_4\text{-CH=CH-CO}_2\text{H} \xrightarrow[-H_2O]{200℃} \text{香豆素 (O, O)}$$

三、仪器与试剂

仪器：电子天平，分馏装置，电热套，抽滤装置，烘箱。

试剂：水杨醛，醋酸酐，氟化钾，50%乙醇溶液。

四、实验步骤

(1)提前干燥所用玻璃器皿。

(2)将2.5g水杨醛、4.5g醋酸酐和0.3g氟化钾依次加入装有温度计和刺形分馏柱的三口烧瓶中，混合均匀，放入电热套中开始加热。当瓶内温度升至180℃时，有醋酸缓慢蒸出。蒸完后继续反应0.5h，最后反应温度可达到210～225℃。

(3)反应结束后，自然冷却至100℃左右；加入3mL热水，不断搅拌下趁热迅速转入到50mL烧杯中；再把烧杯放入冰水浴中冷却，即有晶体析出；抽滤，即得香豆素粗品。用50%乙醇溶液重结晶两次，抽滤，干燥，可得白色片状香豆素纯品。

五、思考题

(1)查阅资料，了解香豆素的应用。

(2)简述影响产物收率的因素有哪些？

实验 41 Cannizzaro 反应——呋喃甲醇和呋喃甲酸的合成

一、实验目的

(1)了解呋喃甲醇和呋喃甲酸的制备方法。

(2)掌握 Cannizzaro 反应的机理。

二、实验原理

Cannizzaro 反应是由意大利化学家 Stanislao Cannizzaro 通过用草木灰处理苯甲醛时，在得到苯甲酸和苯甲醇的过程中被首次发现的。Cannizzaro 反应是指无 α -氢的醛，在浓碱存在下进行自身氧化—还原反应，一分子醛被氧化成酸，另一分子醛被还原成醇，是有机合成中的一个经典反应。发生 Cannizzaro 反应常见的醛有甲醛、芳香甲醛、呋喃甲醛以及 α,α,α -三取代乙醛。另外，甲醛与芳香醛之间也可发生交叉 Cannizzaro 反应，在这种反应中，常常是甲醛被氧化成甲酸，而芳香醛则被还原成芳香甲醇。

本实验采用呋喃甲醛为原料，利用 Cannizzaro 反应制备呋喃甲酸和呋喃甲醇。呋喃甲酸是一种能治疗人类疾病的抗生素，常用作杀菌剂、防腐剂，在油漆工业中用它代替苯甲酸抛光，同时它也是合成 α -呋喃甲酸酯类香料必不可少的原料。呋喃甲醇是无色易流动的液体，遇空气变黑，有特殊的苦辣气味，对人体健康有害。本实验的反应历程为：

$$\text{C}_4\text{H}_3\text{O}-\overset{\text{O}}{\overset{\|}{\text{C}}}-\text{H} + \text{OH}^- \longrightarrow \text{C}_4\text{H}_3\text{O}-\underset{\text{OH}}{\overset{\text{O}^-}{\text{C}}}-\text{H} \xrightarrow{\text{C}_4\text{H}_3\text{O}-\text{CHO}}$$

$$\text{C}_4\text{H}_3\text{O}-\overset{\text{O}}{\overset{\|}{\text{C}}}-\text{OH} + \text{C}_4\text{H}_3\text{O}-\text{CH}_2\text{O}^- \longrightarrow \text{C}_4\text{H}_3\text{O}-\overset{\text{O}}{\overset{\|}{\text{C}}}-\text{O}^- + \text{C}_4\text{H}_3\text{O}-\text{CH}_2\text{OH}$$

三、仪器与试剂

仪器：电子天平，蒸馏装置，电动搅拌器，抽滤装置，烘箱，红外光谱仪。

试剂：呋喃甲醛(新蒸)，氢氧化钠，乙醚，无水碳酸钾，浓盐酸。

四、实验步骤

1. 呋喃甲酸与呋喃甲醇的合成

(1)取 4g 氢氧化钠溶于 6mL 水中，冰水浴冷却。再将 8.2mL 呋喃甲醛加入浸于冰水浴的圆底烧瓶中。

(2)用滴管将氢氧化钠溶液边搅拌边滴加到呋喃甲醛中。在滴加过程中，必须保持反应温度在8～12℃之间，加完后仍保持此温度继续搅拌1h，反应完成即可得到米黄色浆状物。

2. 呋喃甲酸与呋喃甲醇的分离

(1)在搅拌下向上述反应产物中加入适量的水，使沉淀恰好溶解。转入分液漏斗中，用乙醚萃取4次(每次用乙醚8mL)。

(2)合并乙醚萃取液，用无水碳酸钾干燥。将干燥后的乙醚溶液在水浴上先蒸去乙醚，然后再蒸呋喃甲醇，收集169～172℃的馏分。

(3)乙醚萃取后的水溶液，用浓盐酸酸化使刚果红试纸变蓝。冷却使呋喃甲酸析出完全，抽滤，粗产物用水重结晶，得白色针状呋喃甲酸。

3. 产物表征

用红外光谱仪定性分析所得产物。

五、思考题

(1)试比较Cannizzaro反应与羟醛缩合反应在醛的结构上有何不同。

(2)本实验中呋喃甲酸和呋喃甲醇是依据什么原理分离和提纯的？

实验42　Diels—Alder反应——9,10-二氢蒽-9,10-α，β-马来酸酐的合成

一、实验目的

(1)了解Diels—Alder反应的机理。

(2)掌握Diels—Alder反应合成环状化合物的实验方法和特点。

二、实验原理

Diels—Alder反应又称双烯合成反应，是由德国化学家Otto Paul Hermann Diels和他的学生Kurt Alder于1928年首次发现并以他们的名字命名的。Diels—Alder反应利用共轭双键与含活化双键或三键分子所进行的1,4-环加成反应，是合成六元环有机化合物的重要方法，他们因此获得1950年诺贝尔化学奖。Diels—Alder反应机理是一步发生的协同反应，不会形成活泼的反应中间体。许多反应可以在室温或溶剂中加热进行，产率较高，所以

该反应在实际中的应用也很广泛。

本实验采用蒽与马来酸酐进行 Diels—Alder 反应。蒽分子中各键长不相等，其中 9，10 位的键长较长，电子云密度最高。故蒽分子中间的一个环具有环己二烯的结构，显示出共轭双烯的性质，因而 9，10 位可看成是共轭双烯的两端，容易与亲双烯体发生 Diels—Alder 反应，生成桥环化合物。其化学反应式为：

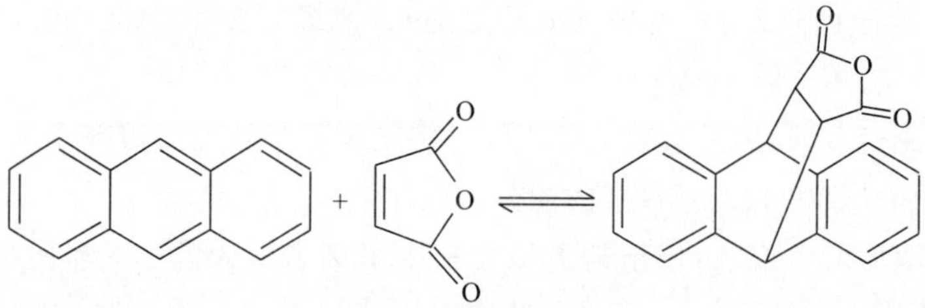

所得产物的酸酐结构很容易水解生成二羧酸，因此反应过程中需要无水操作。该反应是可逆的，在低温时反应向加成产物方向进行，高温时则发生逆向的开环反应。

三、仪器与试剂

仪器：电子天平，回馏装置，抽滤装置，烘箱（真空干燥器），红外光谱仪。

试剂：蒽，无水二甲苯，马来酸酐，无水氯化钙。

四、实验步骤

1. 9，10 -二氢蒽- 9，10 - α，β -马来酸酐的合成

（1）在 50mL 干燥的圆底烧瓶中加入 0.5g 马来酸酐和 1.0g 蒽，再加入 12mL 无水二甲苯，放入两粒沸石，装上球形冷凝管，在冷凝管上端加无水氯化钙干燥管。

（2）加热回流 25min，然后将液面边缘上析出的晶体振荡下去，再继续加热 5min，停止加热。趁热倒入烧杯中，冷却至室温后抽滤，分出固体产物，放入 120℃烘箱内干燥或在真空干燥器内干燥，烘干后称重，并计算产率。

2. 产物表征

用红外光谱仪定性分析所得产物。

五、思考题

（1）试分析 Diels—Alder 反应属于哪一种反应机理，有何特点？

（2）为什么蒽能与亲双烯体发生 Diels—Alder 反应？

（3）如何判断反应是否达到终点？

实验 43　Friedel—Crafts 烷基化反应——食用抗氧剂 2-叔丁基对苯二酚(TBHQ)的合成

一、实验目的

(1)掌握利用 Friedel—Crafts 烷基化反应制备 TBHQ 的原理。

(2)巩固萃取、水蒸气蒸馏、减压过滤等实验技术。

二、实验原理

Friedel—Crafts 烷基化反应是由法国化学家 Charles Friedel 和美国化学家 James Mason Crafts 于 1877 年共同发现的,是指芳烃在路易斯酸存在下的烃基化反应。该反应是连串反应,可在芳环上引入多个烃基。

TBHQ 具有抗氧、阻聚等性能,并且价廉、低毒,因此不仅可用作橡胶、塑料的抗氧剂,增加其制品的使用寿命,而且还可大量用作食品抗氧剂,防止食物变质。

TBHQ 可以通过 Friedel—Crafts 烷基化反应而制得。烷基化反应中,烷基化试剂有卤代烃、烯烃和醇等。常用的催化剂有无水三氯化铝、无水氯化锌等路易斯酸或硫酸、磷酸等质子酸。烷基化反应有一定的局限性,比如容易发生多元取代和重排反应。

本实验采用叔丁醇为烷基化试剂,在磷酸催化下与对苯二酚发生反应。其化学反应式为:

$$\text{HO-C}_6\text{H}_4\text{-OH} + (CH_3)_3COH \xrightarrow{H_3PO_4} \text{HO-C}_6\text{H}_3(C(CH_3)_3)\text{-OH} + H_2O$$

副反应:

$$\text{HO-C}_6\text{H}_4\text{-OH} + 2(CH_3)_3COH \xrightarrow{H_3PO_4} \text{HO-C}_6\text{H}_2(C(CH_3)_3)_2\text{-OH}$$

三、仪器与试剂

仪器:电子天平,回流装置,磁力搅拌器,水蒸气蒸馏装置,抽滤装置,烘箱,红外光谱仪。

试剂:对苯二酚,叔丁醇,浓磷酸,甲苯。

四、实验步骤

1. TBHQ 的制备

(1)在 100mL 三口烧瓶上安装滴液漏斗、回流冷凝管及温度计。在三口烧瓶中加入 2.2g 对苯二酚、8mL 浓磷酸和 10mL 甲苯以及搅拌子。在滴液漏斗中加入 2mL 叔丁醇。开动磁力搅拌器进行搅拌,加热三口烧瓶,待瓶内混合物温度升至 90℃时,开始从滴液漏斗缓慢滴加叔丁醇,并控制反应温度在 90～95℃之间,约 15min 滴完;继续保温搅拌 30min,直至反应混合物中的固体完全溶解为止。

(2)停止搅拌,撤去热浴,趁热将反应物倒入分液漏斗中,并趁热静置分出磷酸层。将有机层倒回冲洗过的三口烧瓶中,加入 20mL 水,进行水蒸气蒸馏,至馏出液澄清;蒸馏完毕后,将三口烧瓶内的残余水溶液趁热抽滤,弃去滤饼。滤液随即出现白色沉淀物,将滤液及白色沉淀物趁热转入烧杯中,温热使白色沉淀物溶解,然后静置让其自然冷却,最后用冷水浴充分冷却后抽滤;用少量冷水淋洗两次,并抽干后取出结晶放入表面皿中,于烘箱中干燥。称重并计算产率。

2. 产物表征

用红外光谱仪定性分析所得产物。

五、思考题

(1)本合成反应为什么在甲苯、磷酸两相条件下进行?

(2)反应中可否加入过量的叔丁醇?为什么?

(3)实验中为什么用浓磷酸作催化剂?可否用浓硫酸替代?

实验 44 Claisen 酯缩合反应——4-苯基-2-丁酮的合成

一、实验目的

(1)掌握 Claisen 酯缩合反应的原理。

(2)掌握 4-苯基-2-丁酮的合成方法。

二、实验原理

Claisen 酯缩合反应是由德国化学家 Rainer Ludwig Claisen 于 1887 年发现的，随后被命名为 Claisen 酯缩合反应。该反应是指含有 α -氢的酯在醇钠等碱性缩合剂作用下发生缩合反应，失去一分子醇得到 β -酮酸酯。

4 -苯基- 2 -丁酮俗称止咳酮，是合成香料的中间体，也是合成许多药物的中间体，存在于烈香杜鹃的挥发油中，具有止咳、祛痰的作用。

4 -苯基- 2 -丁酮结构简单，常用的合成方法有：①以乙酰乙酸乙酯为原料，通过合成烷基取代的乙酰乙酸乙酯，然后进行酮式分解得到。②苯甲醛与丙酮或乙酰丙酮缩合，继而氢化。

本实验制备乙酰乙酸乙酯后，再采用第一种合成方法，操作方便，但缩合剂采用乙醇钠，反应需要在无水条件下进行。其化学反应式为：

$$2\,CH_3COOC_2H_5 \xrightarrow{CH_3CH_2ONa} CH_3COCH_2COOC_2H_5$$

$$CH_3COCH_2COOC_2H_5 + C_6H_5CH_2Cl \xrightarrow{C_2H_5ONa} CH_3COCH(CH_2C_6H_5)COOC_2H_5 \xrightarrow{NaOH}$$

$$CH_3COCH(CH_2C_6H_5)COONa \xrightarrow{HCl} CH_3COCH_2CH_2C_6H_5$$

三、仪器与试剂

仪器：电子天平，回馏装置，蒸馏装置，水浴锅，磁力搅拌器，红外光谱仪。

试剂：无水乙醇，金属钠，乙酰乙酸，二甲苯，乙酸，氯化钠，氯化苄，氢氧化钠，乙醚，盐酸，无水氯化钙。

四、实验步骤

1. 乙酰乙酸乙酯的制备

(1)于干燥的100mL圆底烧瓶中加入15mL二甲苯和2.0g金属钠,装上冷凝管、干燥管,加热至微沸后保持约3min,停止加热。拆去冷凝管,用橡皮塞塞紧圆底烧瓶,用力振摇,即得钠砂。钠砂沉降后,小心倾出二甲苯(回收),迅速加入30mL乙酸乙酯;装上回流管和干燥管,自行反应过后,缓缓加热回流1～1.5h,待钠砂溶完。此时生成的乙酰乙酸乙酯的酮式钠盐溶液呈橘红色。

(2)冷至室温后,在摇振下从冷凝管上口慢慢加入50%乙酸水溶液,使溶液呈弱酸性(pH=6～7)。中和时要用力振摇以免出现固体板结,不利于溶解。此时,所有固体物质已全部溶解。将反应液移入分液漏斗中,加入等体积的饱和氯化钠水溶液,用力振摇后,静置,分出的酯层用无水氯化钙干燥。将干燥后的有机物转移至100mL圆底烧瓶中,先在水浴上蒸去未反应的乙酸乙酯;然后进行常压蒸馏,收集178～182℃馏分,即得无色透明液体(乙酰乙酸乙酯)。

2. 4-苯基-2-丁酮的制备

(1)在三口烧瓶中加入20mL无水乙醇和1.0g金属钠,搅拌金属钠至完全溶解,滴加5.5mL乙酰乙酸乙酯,滴加完后继续搅拌10min。然后在30min内滴加5.3mL氯化苄,继续搅拌10min后加热回流1.5h。

(2)将上述反应装置改为蒸馏装置,水浴蒸出大部分乙醇,冷却后,向反应液中加入20mL冰水,使析出的盐溶解。用分液漏斗分出有机层,水层用乙醚萃取,合并有机层和萃取液,水浴蒸出乙醚。向溶液中加入15mL 10%的氢氧化钠溶液,在搅拌条件下加热回流1.5h,滴加20%的盐酸调节溶液pH=2～3,再加热至无气泡产生。冷却后用稀的氢氧化钠溶液调节溶液至中性。用乙醚萃取3次,每次乙醚用量15mL,合并萃取液。用水洗涤一次,用无水氯化钙干燥、过滤,蒸出乙醚。

3. 产物表征

用红外光谱仪定性分析所得产物。

五、思考题

(1)本合成反应要求仪器干燥并使用无水乙醇,为什么?

(2)乙酰乙酸乙酯在合成上有什么用途?烷基取代乙酰乙酸乙酯与稀碱和浓碱作用将分别得到什么产物?

实验45　Reformatsky反应——3-羟基己酸乙酯的合成

一、实验目的

(1)掌握Reformatsky反应的原理。

(2)熟悉3-羟基己酸乙酯的制备方法。

二、实验原理

Reformatsky反应是由俄国化学家Sergei Nikolayevich Reformatsky于1887年首次发现的，即在锌的存在下，α-卤代酸酯与醛(或酮)反应生成β-羟基酸酯或α,β-不饱和酸酯。随着研究的深入，Reformatsky反应已被重新定义，凡是由于金属插入而使邻近的羰基或类羰基的亲电基团活化的碳—卤键所发生的反应，都被认为是Reformatsky反应。Reformatsky反应是形成碳—碳键的一类重要反应。由于反应产物中存在羟基(或碳—碳双键)和羰基两种官能团，利用该反应可以同时实现碳链的增长和官能团的转变，因此该反应在有机合成反应中占有重要的地位。

Reformatsky反应中使用较多的是锌。由于金属锌和有机金属试剂的反应活性较低，反应通常在较高的温度下进行，导致副反应加剧。除此之外，$ZnCl_2$/Li、Zn/Ag-石墨、$CrCl_2$、Sn、Al、In以及稀土化合物如SmI_2等也可代替锌。

本实验采用丁醛和溴乙酸乙酯、锌粉在超声波照射下进行Reformatsky反应合成3-羟基己酸乙酯。其化学反应式为：

$$CH_3CH_2CH_2CHO + BrCH_2CO_2C_2H_5 \xrightarrow[\text{超声波}]{Zn,I_2} CH_3CH_2CH_2—\underset{}{\overset{OH}{\overset{|}{C}}}HCH_2CO_2C_2H_5$$

三、仪器与试剂

仪器：电子天平，超声波清洗器，蒸馏装置，核磁共振仪，红外光谱仪。

试剂：溴乙酸乙酯，1,4-二氧六环，正丁醛，锌粉，碘，乙醚，碘化钾，无水氯化钙。

四、实验步骤

1. 3-羟基己酸乙酯的制备

(1)在干燥的250mL圆底烧瓶中加入25mL 1,4-二氧六环、5.4g正丁醛、15g溴乙酸乙酯和 8.5g 锌粉，通氮气保护，将反应物浸没在超声波清洗器里。

(2)慢慢地加入碘，直到开始放热为止，约需 0.5g 碘。反应的进程用核磁共振仪监测，直到醛基质子峰(三连峰，δ9.8)消失。在搅拌下将反应混合物慢慢地倾入乙醚-冰浆中，并加入 1g 碘化钾将有机层中的碘除去。用乙醚萃取两次(每次乙醚用量 20mL)，合并萃取液，用无水氯化钙干燥。

(3)常压蒸去溶剂，得 3 -羟基己酸乙酯，称重并计算产率。

2. *产物表征*

用红外光谱仪定性分析所得产物。

五、思考题

(1)本合成反应中，为什么不能用镁粉代替锌粉？

(2)查阅资料，简要写出 3 -羟基己酸乙酯的应用。

实验 46　Wittig 反应——1,4 -二苯基- 1,3 -丁二烯的合成

一、实验目的

(1)掌握 Wittig 反应的基本原理。

(2)了解 Wittig 反应制备 1,4 -二苯基- 1,3 -丁二烯的方法。

二、实验原理

Wittig 反应是德国化学家 Georg Wittig 在 1954 年发现的，是磷叶立德(Wittig 试剂)与羰基化合物进行亲核加成，再进行消去反应后生成烯烃的反应。利用 Wittig 反应由羰基化合物合成烯烃，其优点在于烯烃双键的位置是确定的。该反应自发现以来一直是合成烯烃的重要方法，用于从醛、酮直接合成烯烃，Georg Wittig 也因这一发现与 Herbert C. Brown 共享 1979 年的诺贝尔化学奖。

反应通式：

$$\mathrm{R_2C{=}O} + \mathrm{Ph_3\overset{+}{P}{-}\overset{-}{C}HR''_2} \longrightarrow \mathrm{RR'C{=}CR''_2} + \mathrm{Ph_3P{=}O}$$

经 Wittig 反应合成的烯烃，通常是顺式和反式异构体的混合物。如果使用活泼的 Wittig 试剂，则混合物中通常是顺式烯烃较多；而当使用因共轭作用而稳定的 Wittig 试剂和

羰基化合物反应时，反式烯烃则为主要产物。另外，反应条件对 Wittig 反应立体化学也有重要的影响。

1,4 -二苯基- 1,3 -丁二烯是荧光增白剂的一种，可溶于多种有机溶剂，具有高亲脂性。本实验采用三苯基苄基氯化膦和肉桂醛合成 1,4 -二苯基- 1,3 -丁二烯，是顺式和反式异构体的混合物，反应条件温和，产物收率高。其化学反应式为：

$$Ph_3P + PhCH_2Cl \longrightarrow [Ph_3\overset{+}{P}CH_2Ph]Cl^-$$

$$Ph{-}CH{=}CH{-}CHO + [PH_3P^+CH_2Ph]Cl^- \xrightarrow[C_2H_5OH]{C_2H_5ONa} Ph{-}CH{=}CH{-}CH{=}CH{-}Ph + Ph_3P{=}O$$

三、仪器与试剂

仪器：电子天平，回流装置，电动搅拌器，抽滤装置，红外光谱仪。

试剂：氯化苄，三苯基膦，二甲苯，无水乙醇，肉桂醛，金属钠，95％乙醇，环己烷。

四、实验步骤

1. 三苯基苄基氯化膦的制备

（1）在 250mL 三口烧瓶中加入 6.6g 氯化苄、18.4g 三苯基膦和 100mL 二甲苯。开动电动搅拌器，使反应液加热回流 6～12h。

（2）反应结束后，当反应物冷却至 60℃时即可见有膦盐析出。反应物冷却至室温后，抽滤，并用 30mL 二甲苯洗涤，得到白色结晶固体。

2. 1,4 -二苯基- 1,3 -丁二烯的合成

（1）在 250mL 三口烧瓶中加入 20mL 无水乙醇、5.6g 三苯基苄基氯化膦和 2.0g 肉桂醛。开动电动搅拌器使反应物混合均匀，在搅拌下加入乙醇钠溶液（0.6g 金属钠与 75mL 无水乙醇制备），观察反应液颜色的变化。

（2）将反应混合物放置 0.5h 后，加入 70mL 水，有固体产物出现；抽滤，用 60％乙醇溶液（由 95％乙醇配制）洗涤产物，用环己烷重结晶后可得无色鳞片状结晶。

3. 产物表征

用红外光谱仪定性分析所得产物。

备注：氯化苄是一种催泪剂，操作时必须佩戴防护镜。

五、思考题

（1）试写出本实验中 Wittig 反应的历程。

（2）查阅资料，了解 Wittig 反应的缺点及改进方法。

实验 47　Heck 反应——肉桂酸乙酯的合成

一、实验目的

(1)掌握 Heck 反应的基本原理。

(2)了解 Heck 反应制备肉桂酸乙酯的方法。

二、实验原理

1969 年,Rechard F. Heck 等发现了 Heck 反应;之后 Tsutomu Mizorok 和 Rechard F. Heck 分别于 1971 年和 1972 年对该反应进行了优化。该反应是指卤代芳烃、苯甲酰氯或芳基重氮盐等与乙烯基化合物的碳—碳交叉偶联反应,常用钯的配合物作催化剂。Heck 反应是合成碳—碳键的有效方法之一,此反应在现代有机合成中占有非常重要的地位,广泛应用于天然产物、医药、农药、染料、香料以及高分子材料等方面的有机合成,如肉桂酸酯类衍生物的合成等。Rechard F. Heck 与另外两位科学家共享 2010 年诺贝尔化学奖,以表彰他们在有机合成中钯催化交叉偶联反应研究领域作出的杰出贡献。

肉桂酸乙酯又称 β-苯基丙烯酸乙酯,为无色油状液体,有桂皮、水果、花香味,是一种重要的合成香料,可用于配制皂用香精及日用香水、香精,可作为香精的定香剂。它在工业上的制备是在金属钠的作用下,由乙酸乙酯和苯甲醛发生 Claisen 缩合或在硫酸催化下由肉桂酸和乙醇酯化而成。

本实验采用碘苯和丙烯酸乙酯通过 Heck 反应合成肉桂酸乙酯,催化剂选用非均相催化剂——硅藻土负载纳米钯催化剂。其化学反应式为:

I　+　O　O　硅藻土负载纳米钯催化剂　NMP, Et_3N, 120℃　O　O

三、仪器与试剂

仪器:电子天平,回流装置,蒸馏装置,电动搅拌器,抽滤装置,真空干燥箱,层析柱,红外光谱仪。

试剂:硅藻土,二水合氯化锡,三氟乙酸,四氯合钯酸,聚乙烯吡咯烷酮,碘苯,丙烯酸乙酯,Et_3N,N-甲基吡咯烷酮(NMP),无水硫酸钠,乙酸乙酯。

四、实验步骤

1. 硅藻土负载纳米钯催化剂的制备

(1)在 250mL 圆底烧瓶中，加入 10mL 水、200mg 硅藻土、2.27g 二水合氯化锡和 2.23mL 三氟乙酸。搅拌 1h 后加入 2mmol/L 四氯合钯酸水溶液 100mL 和 200mg 聚乙烯吡咯烷酮，加热至 110℃，保温回流反应 2h。

(2)反应完毕，冷却至室温，过滤，所得固体 50℃真空干燥 12h 以上，得到硅藻土负载纳米钯催化剂。

2. 肉桂酸乙酯的合成

(1)在 10mL 圆底烧瓶中加入 0.112mL 碘苯、0.19mL 丙烯酸乙酯、0.278mL Et_3N、3mg 硅藻土负载纳米钯催化剂和 3.0mL NMP，加热至 120℃，保温反应 1h。

(2)将液体转入漏斗中，加入 10mL 水，再用乙酸乙酯萃取 3 次(每次用乙酸乙酯 20mL)。合并有机相，用适量无水硫酸钠干燥，过滤，蒸馏除去溶剂，剩余混合物用柱层析法纯化，得无色至浅黄色液体。

3. 产物表征

用红外光谱仪定性分析所得产物。

备注：三氟乙酸为无色挥发性发烟液体，腐蚀性很强，取用操作需小心；丙烯酸乙酯易燃，具刺激性、致敏性，取用时应在通风橱内操作，并佩戴手套以免其接触皮肤。

五、思考题

(1)写出本实验中钯催化的 Heck 反应历程。

(2)查阅资料，比较肉桂酸乙酯的不同制备方法。

实验 48　Beckmann 重排——ε-己内酰胺的合成

一、实验目的

(1)了解 ε-己内酰胺的合成。

(2)了解 Beckmann 重排反应的原理。

二、实验原理

Beckmann 重排反应是由德国化学家 Ernst Otto Beckmann 于 1886 年首次发现的。脂肪酮和芳香酮都可以和羟胺作用生成肟。肟受酸性催化剂如硫酸或五氯化磷等作用，发生分子内重排生成酰胺的反应，被称为 Beckmann 重排反应。Beckmann 重排反应可以分别在不同溶剂和催化剂作用下进行，目前人们的研究主要集中于寻找温和的催化剂、简便的操作方法和提高反应的收率。

Beckmann 重排反应不仅可以用来测定生成酮肟的酮的结构，而且在有机合成上也有一定的应用价值，可用于合成医药、农药及材料等领域。

环己酮肟发生 Beckmann 重排反应后可得到己内酰胺，己内酰胺开环聚合可得到聚己内酰胺(尼龙 6)树脂，它是性能优良的高分子材料，可加工生产锦纶纤维、工程塑料和塑料薄膜等。其化学反应式为：

$$\text{环己酮} + NH_2OH \xrightarrow{-H_2O} \text{环己酮肟} \xrightarrow[\text{②}20\%NH_4OH]{\text{①}85\%H_2SO_4} \text{己内酰胺}$$

三、仪器与试剂

仪器：电子天平，抽滤装置，电动搅拌器，减压蒸馏装置，红外光谱仪。

试剂：环己酮，羟氨盐酸盐，醋酸钠，20%氨水，85%硫酸。

四、实验步骤

1. 环己酮肟的制备

在 50mL 磨口锥形瓶中，将 3.3g 羟氨盐酸盐和 4.3g 醋酸钠溶于 10mL 水中。温热此溶液，使其达到 35～40℃，分 3 次加入环己酮(共 3.3g)，边加边摇，此时即有固体析出。加完后，用空心塞塞紧瓶口，剧烈振摇 2～3min，环己酮肟呈白色粉状析出。冷却后抽滤，并用少量水洗涤，抽干后在滤纸上进一步压干，即得环己酮肟白色晶体。

2. 环己酮肟重排制备 ε-己内酰胺

(1)在 100mL 烧杯中，加入 3.3g 环己酮肟及 6.3mL 85%硫酸，旋动烧杯使二者相溶。在烧杯内放一支 200℃的温度计，用小火加热，当开始有气泡(120℃)时，立即移去火源。此时发生强烈的放热反应，温度很快自行上升（可达 160℃），反应在几秒内完成。稍冷后，将此溶液倒入 50mL 三口烧瓶中，并在冰盐浴中冷却。三口烧瓶上分别装上电动搅拌器、温度计和滴液漏斗。当温度降至 0～5℃时，在不停搅拌下小心地滴加 20％的氨水（控制反应温度在 20℃以下，以免 ε -己内酰胺在温度较高时发生水解），直至使用石蕊试纸检验时溶液呈碱性为止（通常需加 20～25mL 20％的氨水，20min 内滴完）。

（2）将粗产物倒入分液漏斗中，分出水层；油层转入 25mL 烧瓶中，进行减压蒸馏，收集 127～133℃/7mmHg、137～140℃/12mmHg 或 140～144℃/14mmHg 的馏分。

备注：ε -己内酰胺易吸潮，应储于密闭容器中。

3. 产物表征

用红外光谱仪定性分析所得产物。

五、思考题

（1）写出 Beckmann 重排反应的历程。

（2）试分析影响反应产率的因素有哪些？

实验 49　喹啉的合成与表征

一、实验目的

（1）了解制备喹啉的反应原理和方法。

（2）掌握喹啉的表征方法。

二、实验原理

喹啉为无色液体，是芳香类化合物，可与醇、醚及二硫化碳混溶，易溶于热水；具有吸湿性，能从空气中吸收水分，能随水蒸气挥发。喹啉主要用于药物、染料的合成，也可用作溶剂和分析试剂。喹啉还可在印染行业用于制取菁蓝色素和感光色素，在橡胶行业用于制取促进剂，在农业方面用于制取 8 -羟基喹啉铜等农药。

喹啉可从煤焦油中提取，合成喹啉的方法主要有 Skraup 反应、Doebner 反应、Doebner—Miller 反应、Conrad—Limpach 反应以及 Povarov 反应等。其中最具代表性的方法是 Skraup 反应，由苯胺与无水甘油、浓硫酸及弱氧化剂如硝基苯等一起加热，经环化脱氢而制得。其化学反应式为：

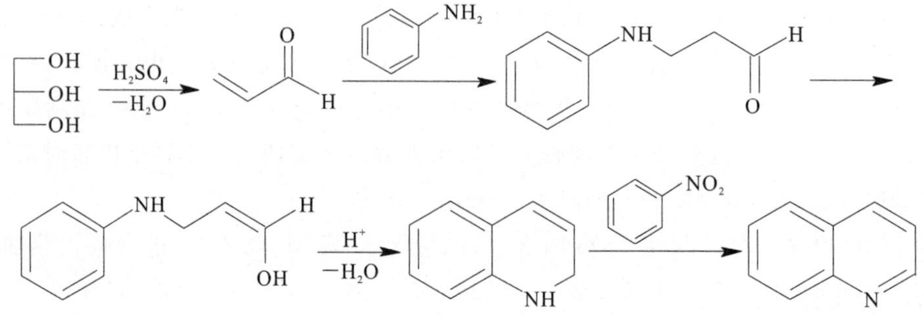

三、仪器与试剂

仪器：电子天平，磁力搅拌器，回流装置，水蒸气蒸馏装置，红外光谱仪。

试剂：苯胺，无水甘油，硝基苯，硫酸亚铁，浓硫酸，亚硝酸钠，乙醚，氢氧化钠。

四、实验步骤

(1)在 250mL 圆底烧瓶中加入 15mL 无水甘油，再依次加入研成粉末的 2g 硫酸亚铁、4.7mL 苯胺和 3.4mL 硝基苯，充分混合后，在不断摇动下慢慢滴入 9mL 浓硫酸。装上回流冷凝管，用小火在石棉网上加热。当溶液微沸时，立即移去火源，反应放出大量热，待反应缓和后，继续小火加热，保持反应物微沸，回流 2h。待反应物稍冷后，进行水蒸气蒸馏，除去未反应的硝基苯，直至馏出液澄清为止，收集馏出液 50mL 左右。瓶中残留液稍冷后，加入 30％的氢氧化钠溶液，中和反应混合物中的浓硫酸，使溶液呈弱碱性，再进行水蒸气蒸馏，蒸出喹啉及未反应的苯胺及硝基苯，直至馏出液澄清为止，收集馏出液约 50mL。

(2)馏出液用浓硫酸酸化，待油状物全部溶解后，置于冰水浴中冷却至 5℃左右，慢慢加入 1.5g 亚硝酸钠和 5mL 水配成的溶液，加至取一滴反应液即可使淀粉-碘化钾试纸立即变蓝为止。由于重氮化反应在接近完成时反应很慢，故应在加入亚硝酸钠溶液 2～3min 后再检验是否有亚硝酸存在。然后将混合物在沸水浴上加热 15min，至无气体放出为止。冷却后，加入 30％氢氧化钠溶液碱化，使混合物呈中性，再进行水蒸气蒸馏。将馏出液倒入分液漏斗，分出有机层，水层用乙醚萃取两次(每次用 25mL 乙醚)。合并有机层和乙醚萃取液，加入氢氧化钠干燥后，进行常压蒸馏，收集馏出液(乙醚)，再称量剩下的有机液(喹啉)。

(3)产物表征。对合成产物进行红外光谱分析。

五、思考题

(1)本实验中，为什么第一次水蒸气蒸馏要在酸性条件下进行，而第二次却要在弱碱性条件下进行？

(2)本实验中，为了从喹啉中除去未反应的苯胺和硝基苯，采用了什么方法？

第六节　典型有机化合物的合成

有机合成是以相对简单易得的有机化合物为原料，利用有机化学反应，将其转化为具有特定结构和性质的有机化合物的过程。近年来，有机合成的新技术、新方法不断涌现，为现代社会提供了大量的高效医药、绿色农药、新材料等。本节从典型性和趣味性角度出发，选取了几个有机化合物合成实验加以介绍，以开阔学生的视野，让学生进一步体会有机合成的魅力。

实验50　离子交换树脂的制备及性能测定

一、实验目的

(1)掌握利用磺化反应制备离子交换树脂的方法。

(2)了解离子交换树脂交换容量及膨胀系数的测定方法。

二、实验原理

离子交换树脂是一类高分子化工产品，广泛应用于化工、食品工业以及分析测试、环境保护等领域。单体苯乙烯和二乙烯苯共聚产物是最常用的离子交换树脂骨架材料，通过其骨架上所带的可交换离子与外界同类型但不同种的离子之间的互换或络合达到物质的提纯、分离、浓缩等目的。根据功能基团的不同，离子交换树脂被分为以下类型：强酸型阳离子交换树脂、弱酸型阳离子交换树脂、强碱型阴离子交换树脂、弱碱型阴离子交换树脂、螯合树脂和两性树脂。

本实验以苯乙烯、二乙烯基苯为反应单体，在强烈搅拌下，它们以小油珠形式分散在水介质中聚合成球形颗粒。在成珠悬浮聚合中，影响颗粒大小的因素主要是分散介质(水)、分散剂和搅拌速度，制备的珠形颗粒直径一般控制在 0.3～1.2mm 之间。得到悬浮共聚产物后，再与硫酸作用得到强酸型阳离子交换树脂。其化学反应式为：

$$C_6H_5CH{=}CH_2 + CH_2{=}CHC_6H_4CH{=}CH_2 \xrightarrow{BPO} \begin{matrix}-CHCH_2CHCH_2CHCH_2- \\ -CHCH_2CHCH_2CHCH_2-\end{matrix} \xrightarrow{H_2SO_4} \left[CH_2-CH(C_6H_4SO_3H) \right]_n$$

离子交换树脂的交换容量 E(mmol/g)计算公式：$E=\frac{c \cdot V}{m}$

其中，c 为 NaOH 的浓度(mol/L)；V 为 NaOH 溶液的体积(mL)；m 为离子交换树脂的质量(g)。

离子交换树脂的膨胀系数 α 计算公式：$\alpha=\frac{V_{H}-V_{Na}}{V_{H}}\times 100\%$

其中，V_{H} 为 H 型离子交换树脂的体积(mL)；V_{Na} 为 Na 型离子交换树脂的体积(mL)。

三、仪器与试剂

仪器：电子天平，过滤装置，回流装置，减压蒸馏装置，电动搅拌器，水浴锅，烘箱，离子交换柱，标准筛(30～60 目)。

试剂：苯乙烯，二乙烯基苯，过氧化二苯甲酰(BPO)，聚乙烯醇(PVA)，次甲基蓝，硫酸，硫酸银，酚酞指示剂，氯化钠，氢氧化钠，无水乙醇。

四、实验步骤

1. 苯乙烯-二乙烯基苯的悬浮聚合

在 500mL 三颈烧瓶中，依次加入 5mL 5%PVA 水溶液、数滴次甲基蓝水溶液，开动电动搅拌器并加热，升温至 40℃后停止搅拌。将混合好的溶有 0.4g BPO、40g 苯乙烯和 1.3g 二乙烯基苯的混合物倒入其中再搅拌。开始时转速要慢，待单体分散后，吸取部分油珠放于表面皿上观察大小，调节搅拌转速控制油珠大小至符合要求(0.3～1.2mm)。合格后以 1～2℃/min 速度升温至 70℃，保温 1h，再升温至 85±2℃继续反应 1h，此时注意控制好搅拌速度。继续升温至 95℃，于 95℃保持 2～3h 之后，趁热过滤。用自来水洗两次，再用蒸馏水洗两次。于 65℃烘箱中干燥并称重。用 30 目、60 目标准筛过筛，收集－30～＋60 目的小珠称重，计算小珠合格率。

2. 磺化

在 250mL 三颈烧瓶中，加入 150mL 硫酸，并加入 0.2g 硫酸银，在水浴上加热至 90℃，分两批加入合格小珠，每次加 10g，加热 2h 并不断搅拌。然后将混合物加到 750mL 6M 硫酸中。过滤，用蒸馏水洗至中性，再用 15mL 无水乙醇洗涤两次。将磺化树脂分散于培养皿中，105℃干燥至恒重(不断翻动固体，以便加速干燥并防止焦化)。

3. 性能测定

(1)交换容量测定：称取 0.2g 磺化树脂两份，放入 100mL 锥形瓶中，各加入 20mL 饱和氯化钠；加一滴酚酞指示剂，用 0.100M 氢氧化钠标准溶液滴定至粉红色，以 30s 不褪色为终点。记录氢氧化钠标准溶液体积，计算交换容量。

(2)膨胀系数的测定：膨胀系数是树脂在水中从 H 型转变为 Na 型时体积的变化。在离子交换柱中，先测 H 型树脂在柱中高度(L_H)，再测转型后的高度(L_{Na})。或用量筒量取一定体积 H 型树脂样品，在交换柱中转为 Na 型并洗至中性，再用量筒测其体积。计算膨胀系数。

五、思考题

(1)如何提高共聚小球合格率？实验中应注意哪些问题？

(2)磺化后为什么要加稀酸逐步稀释？而不是加水稀释？

实验 51　3-氨基邻苯二甲酰肼(鲁米诺)的合成及化学发光

一、实验目的

(1)掌握合成鲁米诺的方法。

(2)了解化学发光的基本原理。

二、实验原理

许多有机化合物在一定的条件下进行化学反应时会伴随有光产生，这种现象称为化学发光。其发光机理为：化学反应过程中的某些特定分子吸收化学反应能，从基态跃迁到激发态再回到基态，伴随着光辐射的形式释放能量，形成发光现象。化学发光反应产生的光为冷光，这种现象在自然界中我们也经常会碰到，例如萤火虫在夏夜间发出的光。化学发光具有无需激发光源、背景干扰小及灵敏度高等优势，广泛应用于临床诊断、食品检测、环境检测等领域。

3-氨基邻苯二甲酰肼又称鲁米诺(Luminol)，是能够产生化学发光现象的有机化合物，其结构简单、水溶性好、合成成本低、发光量子产率高，在科学研究和生产实践中有着广泛的用途。鲁米诺在中性溶液中大多以偶极离子(两性离子)存在，这个偶极离子本身见光后即会显出弱的蓝色荧光；在碱性溶液中，鲁米诺转变成它的二价负离子，后者可以被 O_2 氧化成一个化学发光的中间体。反应被认为是按下列次序进行的：

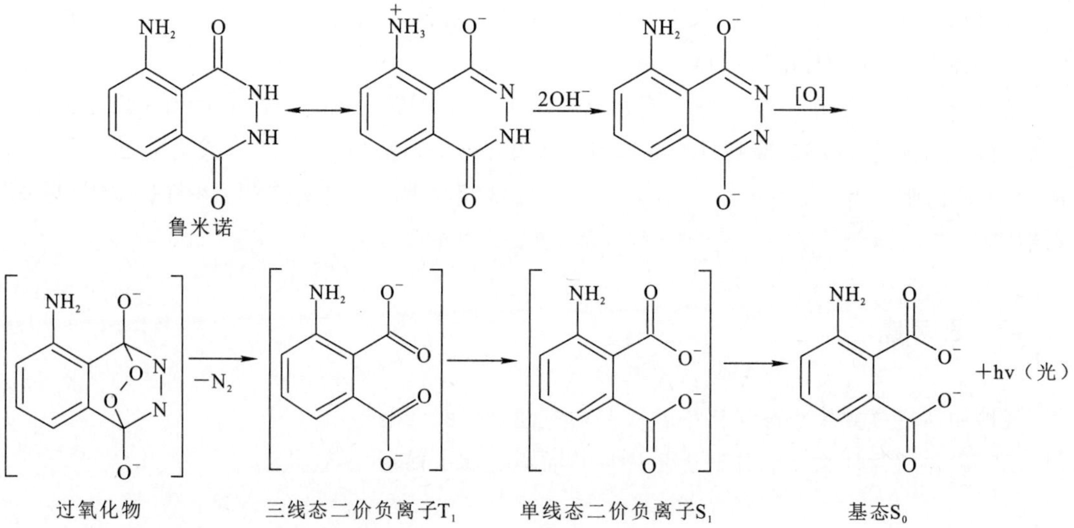

鲁米诺

过氧化物　三线态二价负离子T_1　单线态二价负离子S_1　基态S_0　$+h\nu$（光）

鲁米诺的二价离子与分子氧发生反应，生成一种过氧化物。这种过氧化物不稳定，分解放出氮气从而生成电子上处于激发三线态(T_1)的3-氨基邻苯二甲酸盐二价负离子。激发三线态二价负离子经体系间交叉相互作用，转变成激发单线态(S_1)二价负离子。激发单线态二价负离子发射一个光子回到基态(S_0)，若发射的光处在可见光波段，即可被观测到。此外，若选择不同光敏剂，则可将发射的光转变成其他颜色的光。其化学反应式为：

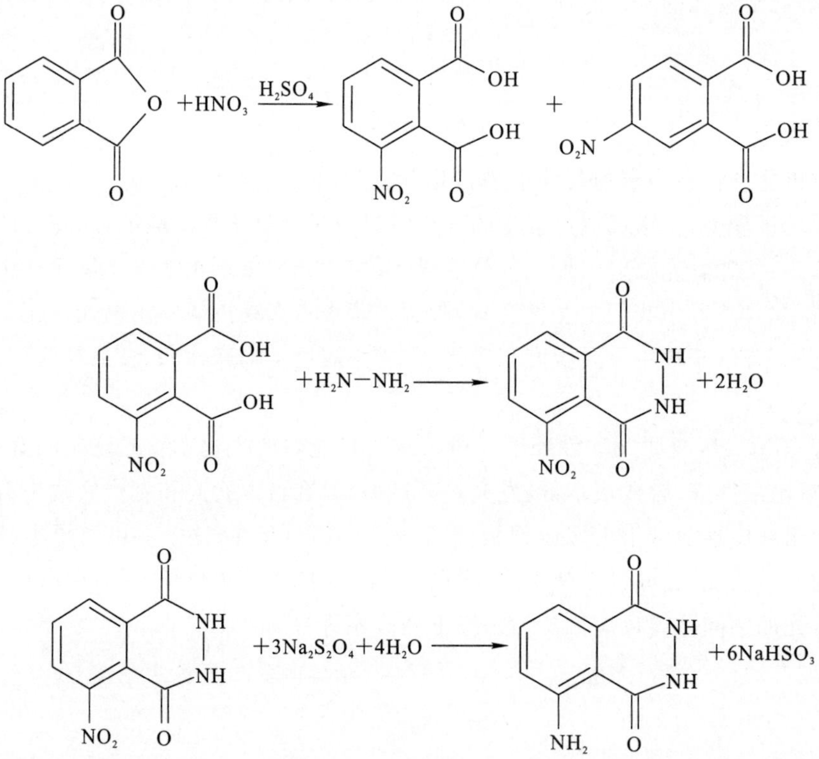

$+HNO_3 \xrightarrow{H_2SO_4}$ 3-硝基邻苯二甲酸 + 4-硝基邻苯二甲酸

$+H_2N-NH_2 \longrightarrow$ $+2H_2O$

$+3Na_2S_2O_4+4H_2O \longrightarrow$ $+6NaHSO_3$

三、仪器与试剂

仪器：电子天平，回流装置，电动搅拌器，水浴锅，电热套，抽滤装置，烘箱。

试剂：邻苯二甲酸酐，浓硝酸，浓硫酸，10%水合肼，二缩三乙二醇，氢氧化钠，连二亚硫酸钠（保险粉），冰醋酸，铁氰化钾，双氧水，氨水，氯化铵。

四、实验步骤

1. 3-硝基邻苯二甲酸合成

（1）在50mL三口烧瓶中，装上电动搅拌器、回流冷凝管和滴液漏斗；加入5.0mL浓硝酸和5.0g邻苯二甲酸酐，在搅拌条件下自滴液漏斗中滴加5.6mL浓硫酸，搅拌10min。在水浴中加热回流1h，当液体逐渐变浑浊时停止加热。

（2）反应混合物稍冷后，在剧烈搅拌下加入12mL水，此时生成大量浅绿色固体，减压过滤得粗产物。用水重结晶后得白色固体，产量约2.0g。纯3-硝基邻苯二甲酸熔点为218℃。

注意：滴液漏斗中的浓硫酸加入烧瓶中时，要缓慢滴加；加水时一定要缓慢加入，否则易暴沸。

2. 硝基邻苯二甲酰肼的合成

（1）取上述制备的3-硝基邻苯二甲酸1.3g与2mL 10%水合肼溶液，放入带支管的大试管中，于电热套中加热，待固体溶解后加入4mL二缩三乙二醇。放几粒沸石，插入温度计（水银球浸入液面之下）。加热至液体剧烈沸腾，并用水泵从支管处将回流的水除去。继续加热，让温度快速上升到200℃以上，保持210～220℃约2min。

（2）停止加热，待温度降至100℃左右时，加入20mL热水；冷至室温后减压过滤，收集黄色的3-硝基邻苯二甲酰肼固体，烘干后备用。

3. 鲁米诺的合成

将上述合成的3-硝基邻苯二甲酰肼移入50mL烧杯中，加入6.5mL 10%氢氧化钠溶液，搅拌混合物使酰肼溶解，再加入4.0g连二亚硫酸钠和10mL去离子水。将烧杯内反应体系加热至沸并不断搅拌，保持沸腾5min。停止加热，加入2.6mL冰醋酸，混合均匀后使体系冷至室温。减压过滤，收集淡黄色的鲁米诺固体。纯鲁米诺熔点为319～320℃。

4. 鲁米诺的化学发光

把上述合成的鲁米诺产品加适量的水配成饱和溶液，即鲁米诺不能完全溶解。在大试管 A 中加入 10mL 鲁米诺的饱和水溶液，再加 10%铁氰化钾 2～3mL；取另一试管 B，加入 pH＝10 的氨水-氯化铵缓冲溶液 10mL（缓冲溶液要现配）和 1mL 双氧水。在暗箱中将试管 B 中的溶液混入试管 A 中，观察化学发光现象。若条件选择合适，发光时间可持续数分钟。

五、思考题

（1）合成硝基化合物时，应注意些什么？

（2）通过实验找出发光的最佳条件，并说明影响化学发光的因素有哪些？

实验 52　安息香（二苯羟乙酮）的合成

一、实验目的

（1）了解合成安息香的方法。

（2）了解反应的基本原理及合成子的极性转换。

二、实验原理

芳香醛在氰化钠（钾）作用下，分子间发生缩合生成安息香的反应，被称为安息香缩合。安息香缩合最典型的例子是苯甲醛的自身缩合反应生成安息香。安息香作为一种药物，具有开窍清神、行气活血、止痛的功效，可用于治疗猝然昏厥、心腹疼痛等。安息香也是重要的化学合成试剂，具有较大的应用价值。

安息香缩合常用的催化剂为氰化物（毒性高），噻唑生成的季铵盐也可作催化剂。利用具有生物活性的维生素 B_1（盐酸硫胺素）的盐酸盐代替氰化物催化安息香缩合，反应条件温和，无毒且产率高。

本实验利用苯甲醛在维生素 B_1 的催化下进行安息香缩合。其化学反应式为：

$$2\,C_6H_5\text{—CHO} \xrightarrow{\text{维生素}B_1} C_6H_5\text{—}\underset{}{\overset{OH}{\overset{|}{CH}}}\text{—}\overset{O}{\overset{\|}{C}}\text{—}C_6H_5$$

反应历程为：

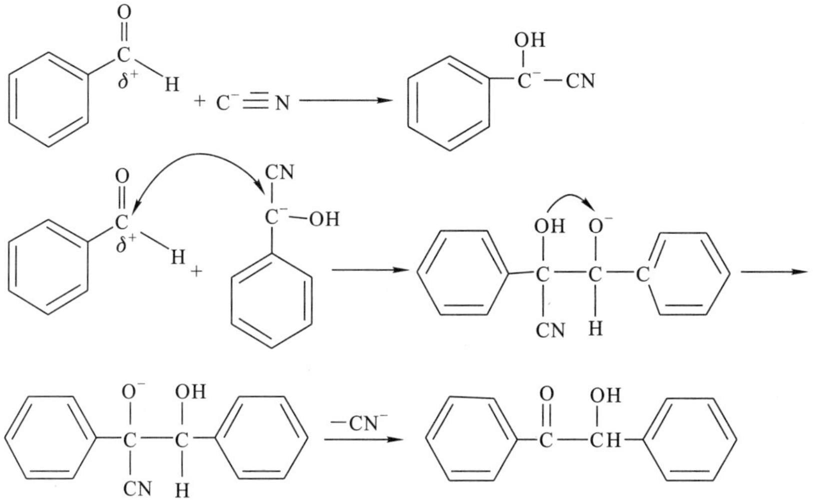

三、仪器与试剂

仪器：电子天平，抽滤装置，回流装置，减压蒸馏装置。

试剂：苯甲醛，维生素 B_1，95％乙醇，氢氧化钠。

四、实验步骤

1. 安息香的制备

（1）在 25mL 圆底烧瓶中，加入 0.6g 维生素 B_1、2mL 蒸馏水和 5mL 95％乙醇，溶解后将烧瓶置于冰水浴中冷却。同时取 2mL 10％的氢氧化钠溶液于一支试管中，也置于冰水浴中冷却。在冰水浴冷却的条件下，将氢氧化钠溶液慢慢加入维生素 B_1 溶液中，不断摇荡，调节 pH 值为 9～10，此时溶液呈黄色。去掉冰水浴，加入 3mL 新蒸的苯甲醛，装上回流冷凝管，加几粒沸石，将混合物置于 60～75℃水浴上温热 1.5h。切勿将混合物加热至沸腾，此时反应混合物为橘黄或橘红色均相溶液。

（2）停止反应，将反应混合物倒入烧杯中，置于冰水浴中冷却，析出浅黄色结晶。抽滤，用 15mL 冷水分两次洗涤结晶。粗产物用 95％的乙醇重结晶，得白色针状结晶（安息香）。

备注：①苯甲醛中不能含有苯甲酸，使用前最好经 5％碳酸氢钠溶液洗涤，而后减压蒸馏，避光保存。②维生素 B_1 在酸性条件下稳定，但易吸水，在水溶液中易被氧化失效，光及铜、铁、锰等金属离子均可加速其氧化；在氢氧化钠溶液中噻唑环易开环失效。因此，反应前维生素 B_1 溶液及氢氧化钠溶液必须用冰水冷透。

五、思考题

(1)说明在安息香缩合反应历程中合成子的极性是如何发生转换的。

(2)分析为什么加入苯甲醛后,反应混合物的 pH 值要保持在 9～10 之间? 溶液 pH 值过低会出现什么问题?

实验 53 增塑剂邻苯二甲酸二丁酯的合成

一、实验目的

(1)了解二元酸酐醇解制备二元羧酸酯的原理和方法。

(2)学习分水器的设计及应用。

二、实验原理

增塑剂是在塑料和橡胶制造中常用的一种助剂,它是一类能与多种塑料或合成树脂兼容的化学品,可使塑料变软并降低脆性,简化塑料的加工过程,并赋予塑料某些特殊性能。它作用的基本原理是增塑剂本身具有极性基团,这些极性基团具有与高分子链相互作用的能力,可使相邻高分子链间的吸引力减弱,并使高分子链分离开。没有增塑剂,塑料就会发硬变脆。但它的挥发性和水抽出性较大,因此制品耐久性稍差。常用的增塑剂有邻苯二甲酸二丁酯、邻苯二甲酸二辛酯、磷酸三辛酯、癸二甲酸二辛酯等。

邻苯二甲酸二丁酯还可用于制造油漆、黏结剂、印刷油墨、染料等。需要注意的是增塑剂与塑料或橡胶聚合物之间并非以化学键相结合,所以较易从高分子产品迁移到环境中。增塑剂进入人体后不易降解,易在人体内富集,危害人体健康。

本实验旨在通过邻苯二甲酸酐与过量的正丁醇在无机酸催化下制备邻苯二甲酸二丁酯。其化学反应式为:

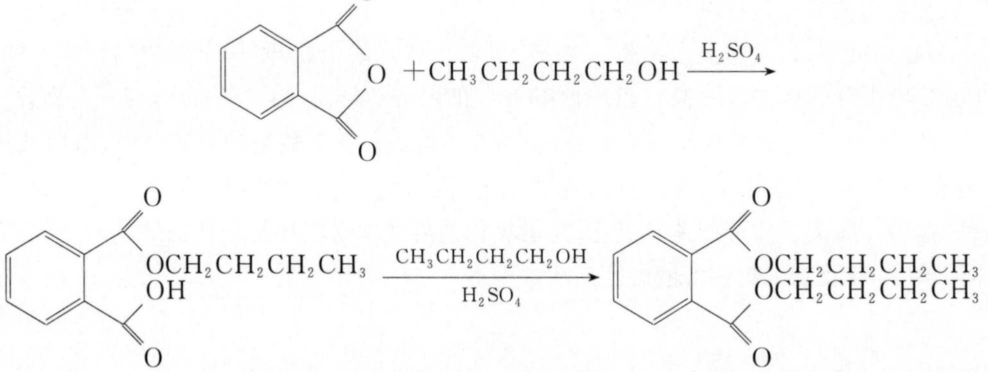

$$\text{邻苯二甲酸酐} + CH_3CH_2CH_2CH_2OH \xrightarrow{H_2SO_4}$$

$$C_6H_4(COOCH_2CH_2CH_2CH_3)(COOH) \xrightarrow[H_2SO_4]{CH_3CH_2CH_2CH_2OH} C_6H_4(COOCH_2CH_2CH_2CH_3)_2$$

邻苯二甲酸二丁酯的形成经历了两个阶段：首先是苯酐与正丁醇作用生成邻苯二甲酸单丁酯，这一步反应属酸酐的醇解。由于酸酐的反应活性较高，这一步醇解反应十分迅速。当苯酐固体于正丁醇中受热全部溶解后，醇解反应就完成了。然后是新生成的邻苯二甲酸单丁酯在无机酸催化下再与正丁醇发生酯化反应生成邻苯二甲酸二丁酯，相对于酸酐的醇解而言，第二步酯化反应就困难一些。因此在酯化反应阶段，通常需要提高反应温度，延长反应时间。酯化反应是一个可逆反应，为使平衡正向移动，一方面可以增加醇的投入量，另一方面还可利用共沸蒸馏除去生成的水，从而提高酯的产率。

三、仪器与试剂

仪器：电子天平，分水器，回流装置，减压蒸馏装置，水泵，油泵。

试剂：邻苯二甲酸酐，正丁醇，浓硫酸，碳酸钠，氯化钠。

四、实验步骤

(1)在 100mL 三颈烧瓶的一个侧口插入温度计，正口上装配分水器，分水器上方装配回流冷凝管，另一个侧口用空心塞密封。

(2)向烧瓶中加入 13mL 正丁醇，在摇动下滴入 0.2mL 浓硫酸；混合均匀后加入 6g 邻苯二甲酸酐，轻摇几下，加入几粒沸石。在分水器中加入正丁醇至支管口。将烧瓶在石棉网上加热，待邻苯二甲酸酐固体消失后，不久就有正丁醇-水共沸物蒸出。接着可看到有许多小水珠穿过正丁醇下沉到水层中，而正丁醇则溢流回到烧瓶中。反应中应不时摇动烧瓶，促进反应。随着反应的进行，产物浓度增大，烧瓶内混合物的温度逐渐上升，当升至 160℃时，即可停止反应。

(3)冷却反应混合物至 70℃以下，用 5%碳酸钠溶液中和后，转入分液漏斗，分去水层，再用温热的饱和氯化钠溶液洗涤有机层至中性。将分出的有机层转入 50mL 烧瓶中，装配好减压蒸馏装置后，先在水泵减压下蒸去正丁醇，再在油泵减压下蒸馏，收集 180～190℃/1.33kPa(10mmHg)或 200～210℃/2.67kPa(20mmHg)的馏分。纯邻苯二甲酸二丁酯为无色油状液体。

五、思考题

(1)本实验中，为什么加热至 140℃之前的升温速度较快，而在 140℃以后的升温速度很慢？

(2)为了加快反应的进行，能否一开始就加入较多的浓硫酸？

实验54 二茂铁的合成

一、实验目的

(1)了解和掌握有机过渡金属化合物的合成方法。
(2)了解二茂铁的应用。

二、实验原理

茂金属是一类具有夹心面包结构的络合物,它们是一类用途很广的化合物,如茂金属的环戊二烯环完全类似于芳香环,能发生各种取代反应。铁族的电子结构特别适合生成这类络合物,比如二茂铁、二茂钌和二茂锇都能被得到,其中以二茂铁最为稳定,易升华,沸点接近249℃。此外,钛、钒、铬、锰、钴、镍和铪等也可嵌在两个环戊二烯中间而生成茂金属化合物。

利用二茂铁可以合成出种类繁多的衍生物,这些衍生物可作为燃料添加剂、催化剂、生化和分析试剂、高分子材料的添加剂等,被广泛应用于工业、农业、医药、航天、节能、环保等行业。

本实验制备二茂铁的化学反应式为:

Na
Na^+
$FeCl_2$
Fe

三、仪器与试剂

仪器:电子天平,电动搅拌器,回流装置,红外光谱仪。
试剂:二甲苯,金属钠,四氢呋喃,环戊二烯,无水二氯化铁,铁粉,石油醚,环己烷。

四、实验步骤

1. 环戊二烯基钠的合成

(1)往装有电动搅拌器、回流冷凝管和恒压滴液漏斗的50mL三颈烧瓶中加入20mL用金属钠干燥过的二甲苯和1.15g金属钠，用氮气保护反应系统。加热回流，待金属钠块溶胀后开始搅拌，迅速将金属钠打成很细的钠砂。停止加热，待不回流时停止搅拌，静置。用针筒抽去上层二甲苯，然后用四氢呋喃洗涤一次，再加入20mL四氢呋喃。

(2)将上述反应瓶用冰浴冷却后，开始搅拌，在氮气流下，取4.2mL环戊二烯置于滴液漏斗中，于10min内滴入反应瓶中，在冷却条件下继续搅拌2～3h。反应结束后如还余很少量的金属钠未反应，可不需分离，直接用于下一步反应。

2. 二茂铁的合成

(1)在氮气保护下，往装有电动搅拌器、回流冷凝管的25mL三颈瓶中加入10mL精制的四氢呋喃。开动电动搅拌器，依次加入2.71g无水二氯化铁和0.47g铁粉，回流搅拌4.5h，得到含有灰色粉末的棕色悬浮液。

(2)在氮气流下，将二氯化铁的溶液加入装有环戊二烯基钠的三颈烧瓶中。在稍低于回流温度下加热1.25h。蒸除溶剂后，将粗产物用沸腾的石油醚(40～60℃)萃取3～4次。合并萃取液，蒸馏除去石油醚后，将固体用环己烷重结晶。风干称重，计算产率。

3. 产物表征

用红外光谱仪测定产物的红外光谱图，表征其结构。

五、思考题

(1)使用四氢呋喃时为何要求精制？

(2)查阅资料，简述二茂铁的应用。

实验55　硝苯吡啶(心痛定)的合成

一、实验目的

(1)掌握制备药物心痛定的方法。

(2)了解制备药物心痛定的原理。

二、实验原理

钙离子拮抗剂是一类重要的心血管药物，它的发现和临床应用被认为是20世纪后期在心血管疾病治疗方法中重要的成就之一。以硝苯吡啶(心痛定，又名硝苯地平)为代表的

1,4 -二氢吡啶类化合物是一类高效钙离子拮抗剂，具有增加冠状动脉血流量、减慢心率和降低心肌耗氧量的作用，临床适用于预防和治疗冠心病、心绞痛，适用于各种类型的高血压，对顽固性、重度高血压也有较好的疗效。除此之外，它还可以治疗消化、泌尿、呼吸等系统疾病。因此，该药物具有很广阔的市场前景。

1,4 -二氢吡啶类药物的制备一般采用 Hantzsch 反应，即将干燥氨气通入乙酰乙酸乙酯与醛的乙醇溶液中。其化学反应式为：

CHO, NO_2 $+ 2CH_3COCH_2CO_2C_2H_5 \xrightarrow[\triangle]{NH_3}$ H_3C, NH, CH_3, $C_2H_5O_2C$, $CO_2C_2H_5$, NO_2

三、仪器与试剂

仪器：电子天平，电动搅拌器，回流装置，超声波清洗仪，抽滤装置，烘箱。

试剂：邻硝基苯甲醛，乙酰乙酸乙酯，无水乙醇，浓氨水。

四、实验步骤

在 100mL 三口烧瓶上安装电动搅拌器、回流冷凝管和滴液漏斗，瓶内加入 1.5g 邻硝基苯甲醛、3mL 乙酰乙酸乙酯和 8mL 无水乙醇，加热回流。自滴液漏斗慢慢滴入 3.3mL 浓氨水。滴加完后，加热回流 6h，停止加热。稍冷后将反应瓶内混合物倒入盛有 20mL 冰水的烧杯中，静置冷却，产物呈棕色黏状物。将烧杯置于超声波清洗仪中振荡 15～20min，棕色黏状物固化成棕黄色固体。抽滤，用水洗涤固体。粗产物用无水乙醇重结晶，可得到黄色粉末结晶。干燥后称重并计算产率。

五、思考题

(1)写出本实验中合成吡啶环的反应机理。

(2)将呈棕色黏状的初产物置于超声波清洗仪中振荡 15～20min 的作用是什么？

第七节　天然产物的提取分离

天然产物是指从动物、植物及微生物中衍生出来的化合物。天然产物种类繁多，广泛存在于自然界中。多数天然产物的提取物具有结构和生物活性的多样性，有的可用作香料和染料，有的具有神奇的药效，有的则可为新结构药物、农药的研究提供模型化合物。天然产物的分离提取和鉴定是化学研究中十分活跃的领域。在天然产物的研究过程中，首先要解决的问题是天然产物的分离提取、纯化和鉴定。天然产物常用的提取方法是溶剂提取法——根据被提取成分和杂质的性质不同，使有效成分转移到溶剂中。

实验 56　从茶叶中提取咖啡因

一、实验目的

(1)了解从茶叶中提取咖啡因的原理和方法。

(2)熟悉索氏提取器的工作原理及应用。

二、实验原理

茶叶中含有多种活性物质，其中咖啡因、茶碱和可可豆碱共占 1%～5%，单宁酸占 11%～12%。咖啡因又称咖啡碱，是杂环化合物嘌呤的衍生物，其化学名称为 1,3,7 -三甲基- 2,6 -二氧嘌呤：

O　H_3C　CH_3　N　N　O　N　N　CH_3

咖啡因是弱碱性化合物，无臭、味苦、易溶于氯仿、乙醇、水和丙酮，难溶于苯和乙醚。咖啡因为白色粉末，含有结晶水的咖啡因为无色针状结晶。咖啡因在 100℃时失去结晶水并开始升华。咖啡因是一种中枢神经兴奋剂，具有刺激心脏、兴奋大脑神经和利尿作用，在医药、食品饮料行业应用前景广阔。

本实验利用咖啡因在乙醇中有一定溶解度的性质，以 95%乙醇作溶剂，通过索氏提取器进行连续抽提，浓缩后得到粗咖啡因。粗咖啡因中还含有其他一些生物碱和杂质，利用升华即可进一步提纯。

三、仪器、材料与试剂

仪器:电子天平,索氏提取器,蒸馏装置,电热套。
材料与试剂:茶叶,95%乙醇,生石灰。

四、实验步骤

(1)取约5g茶叶,放入索氏提取器(图11)的滤纸筒中(注意:茶叶高度不超过虹吸管高度),安装好仪器。从仪器上部的回流冷凝管口加入够两次虹吸量的95%乙醇。然后,加热回流、虹吸提取,直到提取液颜色比较浅时为止。当乙醇溶液刚被虹吸下去时,立即停止加热。

(2)撤去索氏提取器,改成蒸馏装置,蒸出提取液中的大部分乙醇,剩余约10mL。将残液倾入蒸发皿中,加入3~4g研细的生石灰,搅拌成糊状后,置于电热套上加热,不断搅拌至糊状物渐成干粉状。在蒸发皿上盖一张刺有许多小孔的滤纸(刺孔向上),再将玻璃漏斗罩在滤纸上,漏斗的细管口处塞一些脱脂棉,继续加热,使咖啡因升华。当滤纸上的刺孔出现白色毛状结晶时,停止加热,勿动蒸发皿,移去热源。待蒸发皿冷却到100℃左右时,小心地揭开漏斗和覆盖的滤纸,仔细把附着在滤纸上及漏斗壁上的咖啡因用小刀刮下。残渣可搅拌后用较大的火再升华一次,合并两次收集的咖啡因晶体。

五、思考题

(1)简述索氏提取器的工作原理,它和一般的浸泡萃取相比有哪些优点?
(2)升华操作时应注意哪些事项?

实验57 青蒿素的提取和纯化

一、实验目的

(1)学习青蒿素的提取原理和方法。
(2)了解青蒿素的应用。

二、实验原理

青蒿素是20世纪70年代以屠呦呦为代表的我国科学家首先发现并测定其分子结构和

全合成的抗疟疾新药。它是从菊科植物黄花蒿分离得到的抗疟有效成分，其特点是对疟原虫无性体具有迅速的杀灭作用，且不易产生耐药性。以青蒿素类药物为基础的联合疗法，至今仍是世界卫生组织推荐的疟疾治疗方法，挽救了全球数百万人的生命。屠呦呦作为青蒿素发现者，于2015年获得诺贝尔生理学或医学奖。此外，青蒿素及其衍生物还具有抗血吸虫病、抗肿瘤、抗菌、抗炎、抗病毒、抗纤维化等药理作用。青蒿素的分子式为$C_{15}H_{22}O_5$，结构式为：

受青蒿素全合成和半合成工艺不足的限制，目前工业上获得青蒿素的方法依然以提取、分离、纯化为主。青蒿素水溶性差，易溶于多种有机溶剂（如乙醇、乙醚、氯仿、丙酮、醋酸乙酯和苯等），在石油醚（或溶剂汽油）中有一定溶解度，且其他成分溶出较少，经浓缩放置即可析出青蒿素粗晶，故青蒿素常用有机溶剂提取。青蒿素的纯化可用重结晶法或柱层析法，青蒿素的鉴定和纯度检查可采用熔点测定和薄层层析。

三、仪器、材料与试剂

仪器：电子天平，水浴锅，蒸馏装置，过滤装置，烘箱。

材料与试剂：青蒿叶，脱脂棉，溶剂汽油（120号），乙酸乙酯，层析硅胶。

四、实验步骤

1. 从青蒿叶中提取青蒿素粗品

（1）青蒿素的浸出：称取40g青蒿叶粗粉，装入底部填充脱脂棉的250mL梨形分液漏斗中，加入120号溶剂汽油120mL，浸泡24h。为了使浸出完全，浸泡过程中可用玻璃棒搅动1～2次。放出溶剂汽油浸泡液于250mL锥形瓶中，加塞密封。继续加溶剂汽油80mL浸泡24h，合并浸泡液。

（2）青蒿素粗晶的析出：将溶剂汽油浸泡液分两次装入150mL圆底烧瓶中；于水浴上加热，蒸馏回收溶剂汽油，至约残留3mL左右；趁热倒入10mL锥形瓶中，用吸管吸取约1mL溶剂汽油洗涤蒸馏瓶1～2次，洗液并入10mL锥形瓶中；加塞，放置24h，使青蒿素粗晶析出。

2. 青蒿素的纯化

(1)青蒿素粗晶的处理。溶剂汽油的浓缩液经放置24h后,青蒿素粗晶基本析出完全,用滴管小心地将母液吸去,再用约1mL溶剂汽油将青蒿素粗晶洗涤1～2次,母液与洗涤液收集于收集瓶中。

(2)青蒿素粗晶的柱层析。①层析柱的制备:取一支洁净、干燥的玻璃层析管,从上口装入一小团脱脂棉,用玻璃棒推至管底铺平。将层析管垂直地固定在铁架上,管口放一玻璃漏斗;称取5g 80～100目层析硅胶,用漏斗将其均匀地装入层析管内;用木块轻轻拍打铁架,使硅胶填充均匀、紧密。②配洗脱液:准确配制乙酸乙酯-溶剂汽油(体积比为15∶85)作为洗脱剂。③样品上柱:青蒿素粗品用1mL乙酸乙酯溶解,分次吸附在1g 80～100目硅胶上;再用0.5mL乙酸乙酯洗涤瓶子,洗涤液也吸附在硅胶上;混匀,待乙酸乙酯完全挥发后,将吸附了样品的硅胶加到层析柱上。④洗脱:用滴管吸取洗脱液,分次加到层析柱上进行洗脱;用5mL锥形瓶分段收集,每份收集约5mL,直至青蒿素全部洗下。⑤回收溶剂、结晶:每份收集液用蒸馏回收溶剂至约1mL,将含青蒿素的组分合并、浓缩至约3mL;放置24h,使结晶析出;过滤,100℃烘干,即得青蒿素纯品。

五、思考题

(1)绘制出青蒿素提取、纯化的流程图。

(2)提取、纯化青蒿素实验中要特别注意哪些事项?

(3)查阅资料,了解青蒿素的化学合成方法。

实验58 槐花中芦丁的提取

一、实验目的

(1)通过芦丁的提取与精制掌握碱酸法提取黄酮类化合物的原理。

(2)了解一种芦丁的提取、精制及提取过程中防止苷水解的方法。

二、实验原理

芦丁又称为芸香苷、维生素P,是一种天然的黄酮衍生物,广泛存在于植物中。现已发现含芦丁的植物至少有70种,如烟叶、槐花、荞麦、蒲公英等,尤以槐花和荞麦中含量最高,其中槐花中芦丁的含量可达12%～16%,可作为工业上大量提取芦丁的原料。芦丁的结构式为:

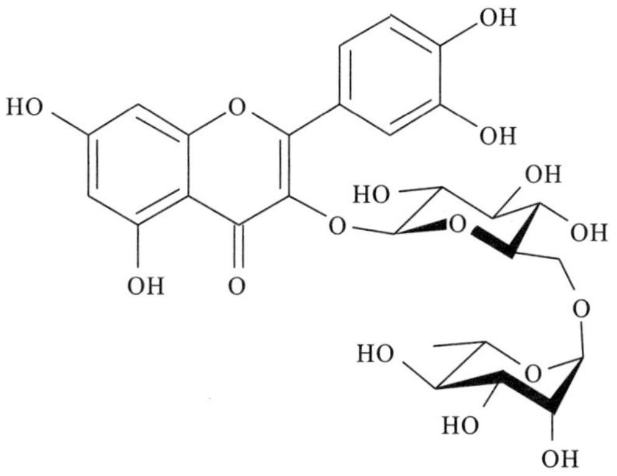

芦丁药理作用广泛，具有抗心肌损伤、抗炎、抗氧化、抗菌、抗病毒、抗肿瘤等作用。芦丁可降低毛细血管壁的脆性和调节渗透性，有助于保持及恢复毛细血管的正常弹性。它在临床上可用于毛细血管脆性引起的出血症，并常用作防治高血压病的辅助治疗剂，也可用芦丁作食品及饮料的染色剂。

槐花中芦丁的提取，是利用芦丁中含有较多的酚羟基，可溶于碱，加酸酸化后又可析出芦丁的结晶。本实验采用碱溶—酸沉淀法提取芦丁，并利用芦丁对冷、热水的溶解度相差悬殊的特性进行精制。

三、仪器、材料与试剂

仪器：研钵，电子天平，抽滤装置。

材料与试剂：槐花，硼砂，石灰乳，浓盐酸，活性炭。

四、实验步骤

1. 芦丁的提取

称取槐花 30g，在研钵中研碎后，投入 300mL 有 0.4%硼砂溶液的沸水溶液中；煮沸 2～3min，在搅拌下加入石灰乳调 pH=9，煮沸 40min(注意添加水，保持原有体积，保持 pH 值在 8～9 之间)；趁热倾出上清液，用棉花过滤。残渣加 100mL 水，加石灰乳调 pH=9，煮沸 30min；趁热用棉花过滤，两次滤液合并。滤液保持在 60℃，加浓盐酸，调 pH 值至 2～3，放置过夜，则析出芦丁沉淀。抽干，置空气中晾干，得到粗制芦丁。

2. 粗制芦丁的纯化

将芦丁粗产品悬浮于蒸馏水中，煮沸至芦丁全部溶解；加少量活性炭，煮沸 5～10min；趁热抽滤，冷却后即可析出结晶(淡黄色或淡绿色)；抽滤至干，置空气中晾干，得到精制芦丁，称重并计算产率。

五、思考题

（1）为提高产物收率，在实验过程中应注意哪些操作？

（2）查阅资料，根据芦丁的性质还可采用哪些方法对其进行提取？

实验 59　绿色植物色素的提取和分离

一、实验目的

（1）了解绿色植物色素提取和分离的方法。

（2）了解绿色植物色素提取和分离的原理。

二、实验原理

绿色植物的茎、叶中含有叶绿素（绿色）、胡萝卜素（橙色）和叶黄素（黄色）等多种天然色素。叶绿素是植物进行光合作用所必需的催化剂，也是食用绿色色素，包括叶绿素在内的天然色素在食品、化工及医药等领域有广泛的用途，所以色素的提取和分离具有重要意义。

叶绿素存在有两个异构体，即叶绿素 a 和叶绿素 b，植物中叶绿素 a 的含量通常是叶绿素 b 的 3 倍。叶绿素两种异构体的结构式为：

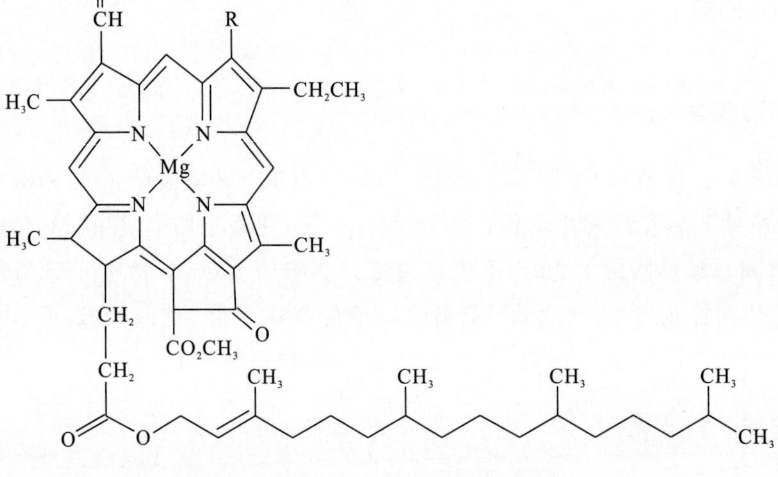

结构式中，$R=CH_3$ 时为叶绿素 a；$R=CHO$ 时为叶绿素 b。叶绿素分子中虽然含有一些极性基团，但大的烃基结构使它易溶于醚、石油醚等一些非极性溶剂。

胡萝卜素有三种异构体，即 α -胡萝卜素、β -胡萝卜素和 γ -胡萝卜素。其中，β -胡萝卜素含量最多，也最重要。在生物体内，β -胡萝卜素受酶催化氧化形成维生素 A。叶黄素是胡萝卜素的羟基衍生物，在绿叶中它的含量是胡萝卜素的两倍。与胡萝卜素相比，叶黄素较易溶于醇，而在石油醚中其溶解度较小。

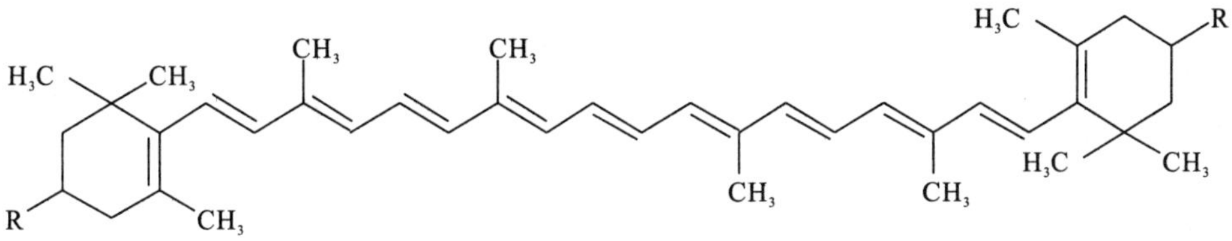

结构式中，R＝H 时为 β -胡萝卜素；R＝OH 时为叶黄素。

三、仪器、材料与试剂

仪器：研钵，电子天平，色谱柱，蒸馏装置，过滤装置。

材料与试剂：绿叶植物，石油醚，95％乙醇，丙酮，正丁醇，无水硫酸钠，中性氧化铝。

四、实验步骤

1. 色素的浸取

取新鲜的绿色植物叶子 5g 在研钵中捣烂，用 30mL 石油醚-乙醇(95％)混合溶剂(体积比 2∶1)分数次浸取。将浸取液过滤，滤液转移到分液漏斗中，加等体积的水洗涤一次。洗涤时要轻轻振荡，以防乳化。弃去下层的水-乙醇层，石油醚层再用等体积的水洗涤两次，以除去乙醇和其他水溶性物质。有机层用无水硫酸钠干燥后转移到另一锥形瓶中保存。取一半用作柱色谱分离，其余留作薄层色谱分析。

2. 柱色谱分离色素

(1)色谱柱的装填：将 10g 中性氧化铝与 10mL 石油醚搅拌成糊状，并将其慢慢加入预先加了一定量石油醚的色谱柱中，同时打开活塞，让石油醚流入锥形瓶中。以稳定的速率装柱，不时用橡胶棒敲打色谱柱，使柱体均匀。在装好的柱子上放 0.5cm 厚的石英砂，并不断用石油醚洗脱，使色谱柱流实。然后放掉过剩的石油醚，直至液面刚刚达到石英砂的顶部，关闭活塞。

(2)洗脱：将已经干燥的萃取液经水浴加热，蒸去大部分石油醚，至剩余体积约为 10mL，将此浓缩液用滴管小心地加到色谱柱顶。加完后，打开活塞，让液面刚刚达到色谱柱顶端，关闭活塞，再用滴管加数滴石油醚；打开活塞，使液面下降。如此反复几次，使色素全部进入柱体。待色素全部进入柱体后，在柱顶小心加入石油醚-丙酮(体积比 2∶1)洗脱剂约 1.5cm

高。然后在色谱柱上面装一滴液漏斗，内装 20mL 上述洗脱液；打开上下两个活塞，让洗脱液逐滴放出，分离开始进行。当第一个橙黄色色带即将流出时，换锥形瓶接收，此为胡萝卜素。再用石油醚-丙酮(体积比 7∶3)洗脱剂洗脱，当第二个棕黄色色带即将流出时，换锥形瓶接收，此为叶黄素。再换用正丁醇-乙醇(95%)-水溶液(体积比 3∶1∶1)洗脱，分别接收叶绿素 a(蓝绿色)和叶绿素 b(黄绿色)。

五、思考题

(1)洗脱剂的选择原则是什么？

(2)试比较胡萝卜素、叶黄素和叶绿素的极性，为什么胡萝卜素在色谱柱中移动最快？

第四章　综合性实验

一些结构复杂的化合物的合成，通常需要多步完成。综合性实验，包括多步制备、分离、提纯和结构表征等多项内容。通过多步反应的综合实验，有助于学生了解基础实验的意义及作用，并掌握实验设计思路，提高学生的综合实验能力；同时还可扩大学生的视野，培养学生的创新思维。

实验 60　Ag 修饰 $LiFePO_4/C$ 正极材料的制备及表征

一、实验目的

(1)了解复合材料 $LiFePO_4/Ag/C$ 的制备方法。

(2)学习复合材料的表征测试。

二、实验原理

$LiFePO_4$ 作为锂离子电池正极材料是目前的研究热点。$LiFePO_4$ 具有以下优点：①不含贵重金属元素，原料相对价廉且资源丰富；②工作电压适中，电压平稳；③理论比容量较大(170mA · h/g)；④结构稳定，安全性能好；⑤高温性能好；⑥循环性能好；⑦与大多数电解液兼容性好；⑧环境友好、无毒。目前，$LiFePO_4$ 成为最具潜力的正极材料之一，引起了科研人员的广泛关注。

然而，$LiFePO_4$ 也存在着如下缺点：①自身的电子电导率低、锂离子扩散系数小；②低温性能差；③振实密度小。这在很大程度上限制了 $LiFePO_4$ 的电化学性能，是制约其实际应用的关键问题。

针对 $LiFePO_4$ 材料电导率低的问题，目前常用的改性方法有碳包覆、金属离子掺杂及金属包覆等。由于银的导电性好，本实验拟采用金属银粉对 $LiFePO_4$ 进行包覆，以提高 $LiFePO_4$ 粒子之间的导电能力。

制备 $LiFePO_4/C$ 正极材料的反应式：

$$C_6H_{12}O_6 \longrightarrow 6C + 6H_2O\uparrow$$

$$Li_2CO_3 + 2FeC_2O_4 + 2NH_4H_2PO_4 \longrightarrow 2LiFePO_4 + 2NH_3\uparrow + 3CO_2\uparrow + 2CO\uparrow + 3H_2O$$

其中，$C_6H_{12}O_6$ 热解生成的碳，不仅可以提供还原气氛而保持 Fe^{2+} 的稳定，提高产物纯度，而且可以阻碍晶粒的聚集长大，控制颗粒形状，提高 $LiFePO_4$ 的电导率。

$AgNO_3$ 加热至 440℃时分解成 Ag、N_2、O_2、NO_2。其化学反应式为：

$$6AgNO_3 \longrightarrow 6Ag + 2N_2\uparrow + 7O_2\uparrow + 2NO_2\uparrow$$

三、仪器与试剂

仪器：电子天平，球磨机，管式炉，烘箱，磁力搅拌器，X 射线衍射仪，扫描电子显微镜，X 射线能谱仪。

试剂：碳酸锂，二水合草酸亚铁，磷酸二氢铵，硝酸银，葡萄糖，无水乙醇。

四、实验步骤

1. $LiFePO_4$/C 的制备

取 0.25mol 碳酸锂、0.5mol 二水合草酸亚铁和 0.5mol 磷酸二氢铵，并加入 9g 葡萄糖。将上述试剂置于球磨罐中，加入适量的无水乙醇，将上述物料润湿即可。在球磨机上球磨 1h，然后将浆料烘干，置于通有氮气的管式炉中，以 5℃/min 的升温速率升至 350℃保温 6h。然后，以 5℃/min 的升温速率升至 700℃保温 24h，最后得到 $LiFePO_4$/C 正极材料。

2. $LiFePO_4$/Ag/C 的制备

配制 4%的硝酸银溶液 25mL。取 5g $LiFePO_4$/C 粉末，加入到蒸馏水和无水乙醇体积比为 1∶1 的混合液中，得到 $LiFePO_4$/C 悬浊液。再将 $LiFePO_4$/C 悬浊液置于可控温的磁力搅拌器上，加热至 50℃。在搅拌条件下加入 20mL 4%硝酸银溶液，继续搅拌至溶剂蒸发完全，得到前驱体粉末。然后将得到的前驱体粉末在 600℃下热处理 6h，最后得到 $LiFePO_4$/Ag/C 正极材料。

3. 产物表征

(1)采用 X 射线衍射仪对合成产物进行物相分析。

(2)采用扫描电子显微镜对样品的微观结构进行分析。

(3)采用 X 射线能谱仪对样品颗粒表面元素分布进行分析。

五、思考题

(1)查阅资料，除本实验中所利用的包覆材料外，列举其他用于包覆的材料。

(2)试分析影响 Ag 在产品颗粒表面包覆均匀性的因素。

实验61　磺胺药物对氨基苯磺酰胺的合成

一、实验目的

(1)了解磺胺药物的合成方法。

(2)掌握酰氯的氨解和乙酰氨基衍生物的水解原理。

二、实验原理

磺胺药物种类繁多，是一类含有对氨基苯磺酰胺母核结构的合成抗菌药的总称。该类药物可抑制多种细菌和少数病菌的生长和繁殖，被广泛用于防治多种病菌感染，在保障人类生命健康方面发挥了重要作用。虽然在抗生素如青霉素等问世和大量生产后，磺胺药物开始失去其作为普遍使用的抗菌剂的重要地位，但其在治疗肺结核、麻风病、脑膜炎、猩红热、鼠疫、呼吸道感染、尿路感染等方面仍然有着广泛的用途。

由于磺酰胺基上氮原子的取代基不同，可形成不同的磺胺类药物。目前，虽然合成的磺胺衍生物达一千多种，但真正显示抗菌性的只有为数不多的十几种。本实验从乙酰苯胺开始制备最简单的磺胺化合物。其化学反应式为：

$$C_6H_5NHCOCH_3 + HOSO_2Cl \longrightarrow p\text{-}CH_3CONHC_6H_4SO_2Cl + H_2SO_4 + HCl$$

$$p\text{-}CH_3CONHC_6H_4SO_2Cl + NH_3 \longrightarrow p\text{-}CH_3CONHC_6H_4SO_2NH_2 + HCl$$

$$p\text{-}CH_3CONHC_6H_4SO_2NH_2 + H_2O \xrightarrow{H^+} p\text{-}H_2NC_6H_4SO_2NH_2 + CH_3CO_2H$$

三、仪器与试剂

仪器：电子天平，回流装置，抽滤装置，水浴锅，红外光谱仪。
试剂：乙酰苯胺，氯磺酸，浓氨水，盐酸，碳酸钠，氢氧化钠，活性炭。

四、实验步骤

1. 对乙酰氨基苯磺酰氯的制备

(1)在干燥的100mL锥形瓶中，加入5.0g干燥的乙酰苯胺，在石棉网上用小火加热熔化。若瓶壁上有少量水汽凝结，则可用干净的滤纸吸去。塞住瓶口冷至室温，再用冰水浴冷却，使其凝结成块。将锥形瓶置于冰水浴中继续冷却，倒入12.5mL氯磺酸，立即塞上带有氯化氢导气管的塞子，连接装有10%氢氧化钠吸收液的抽滤瓶。反应很快发生，并产生大量白色气雾(氯化氢)。若反应过于剧烈，可用冰水浴冷却。待反应缓和后，微微摇动锥形瓶，使固体全溶。然后再在60～70℃水浴中加热10min使反应进行完全，直至不再有氯化氢气体放出。

(2)将锥形瓶中反应液在冰水浴中充分冷却后，于通风橱内，在充分搅拌的条件下慢慢倒入盛有100mL冰水的烧杯中。用约10mL冰水荡洗锥形瓶，荡洗液一并倒入烧杯中。再搅拌几分钟，并将大块固体粉碎，使颗粒成为小而均匀的白色固体。抽滤后，固体用少量冰水洗涤、压干，得到对乙酰氨基苯磺酰氯粗品，立即进行下一步反应。

2. 对乙酰氨基苯磺酰胺的制备

将上一步得到的粗产物移入烧杯中，在不断搅拌下，慢慢加入17.5mL浓氨水(需在通风橱内操作)，立即发生放热反应，并产生白色糊状物。添加完毕后，再继续搅拌15min，使反应完全。然后加入10mL水，将烧杯放在石棉网上用小火加热10min，并不断搅拌，以除去多余的氨，得到的化合物可直接用于下一步合成。

3. 对氨基苯磺酰胺的制备

将上述反应液移入50mL圆底烧瓶中，加入20mL 10%盐酸，在石棉网上用小火加热回流30min。检验反应液的pH值，若其值高于4，可补加少量盐酸，再回流一段时间，重新检验，直至呈现强酸性为止。待全部产品溶解后，若溶液呈黄色即可，冷却，加少量活性炭，煮沸10min，趁热过滤。将滤液转入400mL烧杯中，在搅拌的条件下小心地加入粉状碳酸钠至pH值为7～8。在冰水浴中冷却，抽滤收集固体；用少量冰水浴洗涤，压干。粗产物进行重结晶(每克产物用12mL水)，称重，并计算产率。

3. 产物表征

采用红外光谱仪对产物进行定性分析。

五、思考题

(1)为什么苯胺要先乙酰化再氯磺化？直接氯磺化可行吗？

(2)为什么在氯磺化反应完成后，对反应混合物进行处理时，必须移到通风橱中且在充分搅拌下缓缓倒入冰水中？

实验 62　局部麻醉剂苯佐卡因（对氨基苯甲酸乙酯）的合成

一、实验目的

(1)了解局部麻醉剂苯佐卡因的合成原理。

(2)掌握局部麻醉剂苯佐卡因的制备方法。

二、实验原理

外科手术所必需的麻醉剂或称止痛剂，是一类已被研究得较为透彻的药物。最早的局部麻醉剂是从南美洲生长的古柯植物中提取的古柯生物碱或称柯卡因，但其具有容易成瘾和毒性大等缺点。苯佐卡因是在人们弄清了古柯生物碱的结构和药理作用后，人工合成的数百种局部麻醉剂中的一种。已经发现的、有活性的这类药物有如下结构特征：

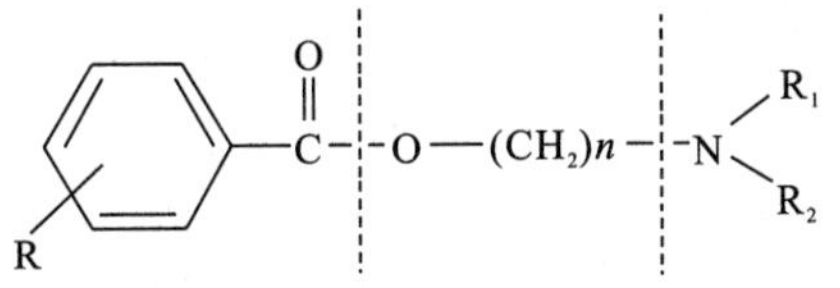

$$R-C_6H_4-\overset{O}{\overset{\|}{C}}-O-(CH_2)n-N\begin{matrix}R_1\\R_2\end{matrix}$$

苯佐卡因，即对氨基苯甲酸乙酯，是一种白色晶体粉末，易溶于乙醇等有机溶剂，微溶于水，常用作局部麻醉剂，也可用作普鲁卡因等局麻药的前体原料，制成散剂或软膏可用于疮面溃疡的止痛。

苯佐卡因通常由对硝基甲苯先经氧化生成对硝基苯甲酸，再经乙酯化后还原而得，这条合成路线比较经济合理。

本实验采用对甲苯胺为原料，经酰化、氧化、水解、酯化一系列反应合成即可得到苯佐卡因。此路线虽然较以对硝基甲苯为原料的合成路线稍长，但相对来说原料易得，操作方便，更适合于实验室小批量合成。其化学反应式为：

$$H_3C{-}C_6H_4{-}NH_3 + (CH_3CO)_2O \xrightarrow{CH_3CO_2Na} H_3C{-}C_6H_4{-}NHCOCH_3 + CH_3CO_2H$$

$$H_3C{-}C_6H_4{-}NHCOCH_3 + 2KMnO_4 \longrightarrow KO_2C{-}C_6H_4{-}NHCOCH_3 + 2MnO_2 + KOH + H_2O$$

$$KO_2C{-}C_6H_4{-}NHCOCH_3 \xrightarrow{H^+} HO_2C{-}C_6H_4{-}NHCOCH_3$$

$$HO_2C{-}C_6H_4{-}NHCOCH_3 + H_2O \xrightarrow{H^+} HO_2C{-}C_6H_4{-}NH_2$$

$$HO_2C{-}C_6H_4{-}NH_2 + CH_3CH_2OH \xrightleftharpoons{H_2SO_4} C_2H_5O_2C{-}C_6H_4{-}NH_2 + H_2O$$

三、仪器与试剂

仪器：电子天平，回流装置，抽滤装置，水浴锅，干燥箱，电热套，红外光谱仪。

试剂：对甲苯胺，醋酸酐，醋酸钠，高锰酸钾，七水合硫酸镁，95%乙醇，浓盐酸，浓硫酸，氨水，冰醋酸，碳酸钠，乙醚，亚硫酸钠，活性炭，无水乙醇。

四、实验步骤

1. 对甲乙酰苯胺的制备

(1)在 50mL 烧杯中，加入 0.7g 对甲苯胺、17.5mL 水和 0.75mL 浓盐酸，在水浴上温热使之热解。若溶液颜色较深，可加适量的活性炭脱色后过滤。

(2)脱色后得盐酸对甲苯胺溶液。将此溶液加热至50℃，再加入0.8mL醋酸酐，并立即加入60% 2mL醋酸钠溶液，充分搅拌后放入冰水中冷却。此时析出大量的对甲基乙酰苯胺固体，抽滤，用少量冷水洗涤，干燥。

2.对乙酰氨基苯甲酸的制备

(1)将上述制得的对甲基乙酰苯胺加入到100mL烧杯中，再加入2.0g七水合硫酸镁和35mL水，将烧杯中的混合物在电热套上加热到约85℃。

(2)将2.05g高锰酸钾溶于8mL沸水中配成溶液。在充分搅拌下，将热的高锰酸钾溶液在10min内分批加到上一步的对甲基乙酰苯胺混合物中，以防高锰酸钾氧化剂局部浓度过高破坏产物。加完后在85℃下搅拌20min。此时，混合物变成深棕色，趁热用双层滤纸过滤，除去二氧化锰沉淀，并用少量热水洗涤二氧化锰滤饼。若滤液呈紫色，可用适量的亚硫酸钠还原至溶液呈无色，将滤液再用折叠滤纸过滤一次。

(3)冷却无色滤液，加20%硫酸，酸化至溶液呈酸性，此时产生白色固体即为对乙酰氨基苯甲酸。抽滤、压干。

3. 对氨基苯甲酸的制备

将上一步得到的产物乙酰氨基苯甲酸用4.2mL 18%的盐酸进行水解(每克湿产物需18%盐酸5mL)。将反应物置于25mL圆底烧瓶中，在电热套上缓缓回流30min。待浅绿色溶液冷却后，加入3mL水；然后用10%氨水中和(约10mL)，使反应混合物对石蕊试纸恰呈碱性，切勿使氨水过量。每15mL最终溶液加0.5mL冰醋酸，充分振摇后放入冰浴中骤冷以结晶，必要时用玻璃棒摩擦瓶壁或放入晶种促进结晶。抽滤，收集产物，并干燥，即可得到对氨基苯甲酸。

4. 对氨基苯甲酸乙酯的制备

(1)在25mL圆底烧瓶中，加入0.4g对氨基苯甲酸和5mL 95%乙醇，摇动烧瓶使大部分固体溶解。将混合物置于冰浴中冷却，加入0.4mL浓硫酸，立即有大量沉淀生成，再将圆底烧瓶在电热套上回流1h，并不断振荡，沉淀逐渐溶解。

(2)将混合物转入烧杯中，冷却后分批加入10%碳酸钠溶液中和；此时有大量气体逸出，并产生泡沫，直至加入碳酸钠溶液后无明显气体放出。用pH试纸检查溶液为中性，再加入少量碳酸钠溶液至pH=9，并有少量固体析出。

(3)将溶液倾滗至分液漏斗中，用少量乙醚洗涤固体后洗涤液也并入分液漏斗。向分液漏斗中加入8mL乙醚，摇动后分出醚层。经无水硫酸镁干燥后，在水浴上蒸出乙醚和大部分乙醇，残余油状物用乙醇-水(1.5mL无水乙醇和1mL水)重结晶，即可得到终产物对氨基苯甲酸乙酯。

5. 产物表征

采用红外光谱仪对产物进行定性分析。

五、思考题

(1)本实验中加入浓硫酸后会有什么现象？描述并解释。

(2)酯化反应结束后，为何用碳酸钠溶液而不用氢氧化钠溶液进行中和？

实验63 植物生长素2,4-二氯苯氧乙酸的合成

一、实验目的

(1)了解合成2,4-二氯苯氧乙酸的反应原理。

(2)掌握2,4-二氯苯氧乙酸的制备方法。

二、实验原理

植物生长调节剂是在任何浓度下都能影响植物生长和发育的一类化合物，包括机体内产生的和来自外界环境的一些天然产物。目前，人们已经合成了一批与植物生长调节剂功能相似的化合物。其中，合成的2,4-二氯苯氧乙酸也称2,4-滴或2,4-D，这是一种应用十分广泛的植物生长调节剂和除草剂。低浓度的2,4-二氯苯氧乙酸对植物生长有刺激作用，可促进作物的早熟增产，防止果实如番茄等早期落花落果，并可导致无籽果实的形成；而高浓度的2,4-二氯苯氧乙酸对植物具有灭杀作用，对双子叶杂草具有良好的防治作用。

本实验采用苯酚钠和氯乙酸通过 Williamson 合成反应先制备得到苯氧乙酸，再进行氯化即可得到对氯苯氧乙酸和2,4-二氯苯氧乙酸。其化学反应式为：

$$ClCH_2CO_2H \xrightarrow{Na_2CO_3} ClCH_2CO_2Ca \xrightarrow[NaOH]{PhOH} C_6H_5OCH_2CO_2Na \xrightarrow{H^+} C_6H_5OCH_2CO_2H$$

$$C_6H_5OCH_2CO_2H + HCl + H_2O_2 \xrightarrow{FeCl_3} p\text{-}ClC_6H_4OCH_2CO_2H$$

OCH_2CO_2H　　　　　　OCH_2CO_2H

　　　　　　　　　　　　　　Cl

$$+2NaOCl \xrightarrow{H^+}$$

Cl　　　　　　　　　　Cl

三、仪器与试剂

仪器：电子天平，电动搅拌器，回流装置，抽滤装置，水浴锅，干燥箱，红外光谱仪。

试剂：氯乙酸，苯酚，碳酸钠，氢氧化钠，浓盐酸，冰醋酸，三氯化铁，过氧化氢，无水乙醇，次氯酸钠，乙醚，四氯化碳。

四、实验步骤

1. 苯氧乙酸的合成

(1)在装有电动搅拌器、回流冷凝管和滴液漏斗的 50mL 三颈烧瓶中，加入 1.9g 氯乙酸和 2.5mL 水。开动电动搅拌器，慢慢滴加饱和碳酸钠溶液约 3.5mL，至溶液 pH 值为 7～8。然后加入 1.25g 苯酚，再慢慢滴加 35%氢氧化钠溶液，至反应混合物 pH 值为 12。将反应物在沸水浴中加热约 30min，反应过程中 pH 值会下降，应补加氢氧化钠溶液，保持 pH 值为 12，在沸水浴上再继续加热 15min。

(2)反应完毕后，将三颈瓶移出水浴锅，趁热转入锥形瓶中，在搅拌的条件下用浓盐酸酸化至 pH 值为 3～4。在冰水浴中冷却，析出固体。待结晶完全后抽滤，粗产物用冷水洗涤 2～3 次，于 60～65℃干燥，干燥后的粗产物可直接用于下一步合成。

2. 对氯苯氧乙酸的合成

(1)在装有电动搅拌器、回流冷凝管和滴液漏斗的 50mL 三颈烧瓶中，加入 1.5g 苯氧乙酸和 5mL 冰醋酸。将三颈烧瓶置于水浴锅中加热，同时开动电动搅拌器，待水浴温度上升至 55℃时，加入少许三氯化铁(约 10mg)和 5mL 浓盐酸。

(2)当水浴温度升至 60～70℃时，在 10min 内慢慢滴加 1.5mL 33%的过氧化氢，滴加完毕后保持此温度再反应 20min。升高温度，使瓶内固体全溶，然后慢慢冷却，析出晶体。抽滤，粗产物用水洗涤 3 次后，再用乙醇溶液(无水乙醇与水体积比为 1∶3)重结晶，之后干燥。

3. 2,4-二氯苯氧乙酸的合成

(1)在 100mL 锥形瓶中加入 1.0g 对氯苯氧乙酸和 12mL 冰醋酸，搅拌使固体溶解。将

锥形瓶置于冰浴中冷却，边摇荡边分批加入 19mL 5%的次氯酸钠溶液。然后将锥形瓶从冰浴中取出，待反应物温度升至室温后再保持 5min。此时，反应液颜色变深。向锥形瓶中加入 50mL 水，并用 6M 的盐酸酸化至刚果红试纸变蓝。

(2)反应产物用乙醚萃取两次(每次用 25mL 乙醚)。合并醚萃取液，在分液漏斗中用 15mL 水洗涤后，再用 15mL 10%的碳酸钠溶液萃取产物。将碱性萃取液移至烧杯中，加入 25mL 水，用浓盐酸酸化至刚果红试纸变蓝。抽滤析出的晶体，并用冷水洗涤 2～3 次后干燥。粗产品用四氯化碳重结晶。

4. 产物表征

采用红外光谱仪对产物进行定性分析。

五、思考题

(1)说明本实验中各步反应控制 pH 值的目的和意义。

(2)以酚钠和氯乙酸作原料制醚时，为什么要先使氯乙酸成盐？可否用苯酚和氯乙酸直接反应制取醚？

实验 64　十八烷基三甲基氯化铵改性有机膨润土及表征

一、实验目的

(1)了解层间交换、层间柱撑等物理化学方法的原理。

(2)学习改性物质的分析与表征方法。

二、实验原理

膨润土又名膨土岩、斑脱石、甘土、皂土、陶土、白泥，俗称观音土，是一种以蒙脱石为主要成分的黏土矿物。膨润土具有较好的触变性、悬浮性、黏结性、吸附性和润滑性，目前已广泛应用于机械铸造、石油钻探、日化、塑料、造纸、橡胶、纺织、建筑和脱色等行业。

膨润土中蒙脱石的结构单元由两个 Si—O 四面体层夹一个 Al—O(OH)八面体层组成。其四面体中的 Si 被 Al 取代，八面体中的 Al 被 Na、Mg、Ca 取代，造成层间正电荷亏损，通过吸附阳离子维持电荷平衡，但是阳离子和结构单元层之间的作用力较弱。膨润土的改性就是利用层间离子的可交换性，将有机阳离子或有机化合物取代蒙脱石层间可交换的阳离子或吸附水，使其生成膨润土有机复合物，改善膨润土的性能。

膨润土经改性后制得的有机膨润土，具有良好的胶体分散性、触变性、黏结性和增稠性，可在油漆、油墨、高温润滑脂、化妆品等领域作为增稠剂使用，也可用于石油钻井液、铸造涂料、密封腻子等，具有较大的市场应用前景。

三、仪器与试剂

仪器：电子天平，抽滤装置，磁力搅拌器，烘箱，红外光谱仪，X 射线衍射仪，比表面积测试仪。

试剂：蒙脱石，十八烷基三甲基氯化铵，无水乙醇。

四、实验步骤

1. 蒙脱石的柱撑改性

(1)取 5g 蒙脱石和 100g 去离子水混合，搅拌 30min。

(2)加入 4mmol 的十八烷基三甲基氯化铵，于 80℃条件下恒温搅拌 2h。

(3)抽滤，先用无水乙醇清洗 3 次，再用去离子水反复洗涤 3～4 次。

(4)将洗净的样品在 110℃条件下干燥 24h，得到改性产物。

2. 产物表征

(1)X 射线衍射分析：对改性前后的样品进行 X 射线衍射分析。

(2)红外光谱分析：对改性前后的蒙脱石进行红外光谱分析。

(3)孔结构分析：利用比表面积测试仪获得改性前后蒙脱石的比表面积、孔径分布等。

五、思考题

(1)有机物对层间化合物的柱撑原理是什么？

(2)改性前后层间距改变的原因是什么？

主要参考文献

高桂枝,陈敏东,王正梅,2014.有机合成化学及实验[M].北京:科学出版社.
苟绍华,段文猛,马丽华,2018.有机合成化学实验[M].北京:化学工业出版社.
化学实验教材编写组,2015.化学合成技术实验[M].北京:化学工业出版社.
居学海,2007.大学化学实验4:综合与设计性实验[M].北京:化学工业出版社.
刘宝殿,2005.化学合成实验[M].北京:高等教育出版社.
刘树信,何登良,刘瑞江,2015.无机材料制备与合成实验[M].北京:化学工业出版社.
申东升,詹海莺,刘环宇,2014.当代有机合成化学实验[M].北京:科学出版社.
沈戮,石晓波,2010.化学合成实验[M].北京:化学工业出版社.
孙建之,董岩,王敦青,2013.材料合成与制备实验[M].北京:化学工业出版社.
陶呈安,2021.高等化学合成技术实验[M].北京:高等教育出版社.
杨黎明,陈捷,2011.精细有机合成实验[M].北京:中国石化出版社.
袁金伟,肖咏梅,2022.有机化学实验[M].北京:化学工业出版社.
周井炎,李德忠,2004.基础化学实验(上册)[M].武汉:华中科技大学出版社.